BENGAL*katze*

BENGAL*katze*
DIE KATZE IM LEOPARDENLOOK

von

Boris Ehret und Sabine Wamper

CADMOS

Copyright© 2012 by Cadmos Verlag, Schwarzenbek
Gestaltung und Satz: jb:design – Johanna Böhm, Dassendorf
Lektorat: Anneke Bosse

Titelfoto: Hans-Joachim Rudolph
Fotos im Innenteil: Cindy Coppens, Debbie Corns, Boris Ehret, Andrea Faymonville,
Helmi Flick, Nadine Haase, Milan Korinek, Jean Mill, Hans-Joachim Rudolph,
Preston Smith, Sabine Wamper

Druck: Grafisches Centrum Cuno, Calbe

Deutsche Nationalbibliothek – CIP-Einheitsaufnahme
Die Deutsche Nationalbibliothek verzeichnet diese Publikation in der
Deutschen Nationalbibliografie; detaillierte bibliografische Daten sind
im Internet über http://dnb.ddb.de abrufbar.

Printed in Germany

ISBN 978-3-8404-4011-3

Inhalt

Vorwort 9

Die Bengalkatze – wildes Aussehen,
sanftes Wesen 11
Die Geschichte der Rasse 11
**Meilensteine einer noch jungen
Katzenrasse** 11
Die ALC – der Ausgangspunkt 15
    Die ALC in Gefangenschaft 17
    Die ALC in der Bengalzucht 18
    Foundations – die ersten
    Generationen von Hybridkatzen 18
**Charakter – Aktion und Sanftmut
in einem** 19

Kauf einer Bengalkatze – Auswahl
des neuen Familienmitglieds 23
Bin ich „Bengal-geeignet"? 23
**Woran erkenne ich einen
guten Züchter?** 23

Rassebeschreibung – Samtpfoten
im Leopardenmantel 31
Der Rassestandard 31
    Kommentar 34

Optische Besonderheiten:
die Pluspunkte der Rasse 36
    Rosetten 36
    Glitter und Seidenfell 38
    Weißer Bauch 39
    Fuzzy-Phase 40
    Frosted Kitten 41

Vererbung von Farben und
Zeichnungen 43
Wie Vererbung funktioniert 43
    Agouti-Gen A 45
    Schwarz-Gen B (Black) 46
    Tabby-Gen T 46
    Silber-Gen I 46
    Gen für Vollpigmentierung C 46
    Gen für dichte Pigmentierung D 48
    Gen für Scheckung S 48
    Wideband-Gen Wb 48
**Zeichnungen: getupft und
marmoriert** 48
    Spotted Tabby – die getupfte
    Bengal 48
    Marbled Tabby – die
    marmorierte Bengal 49

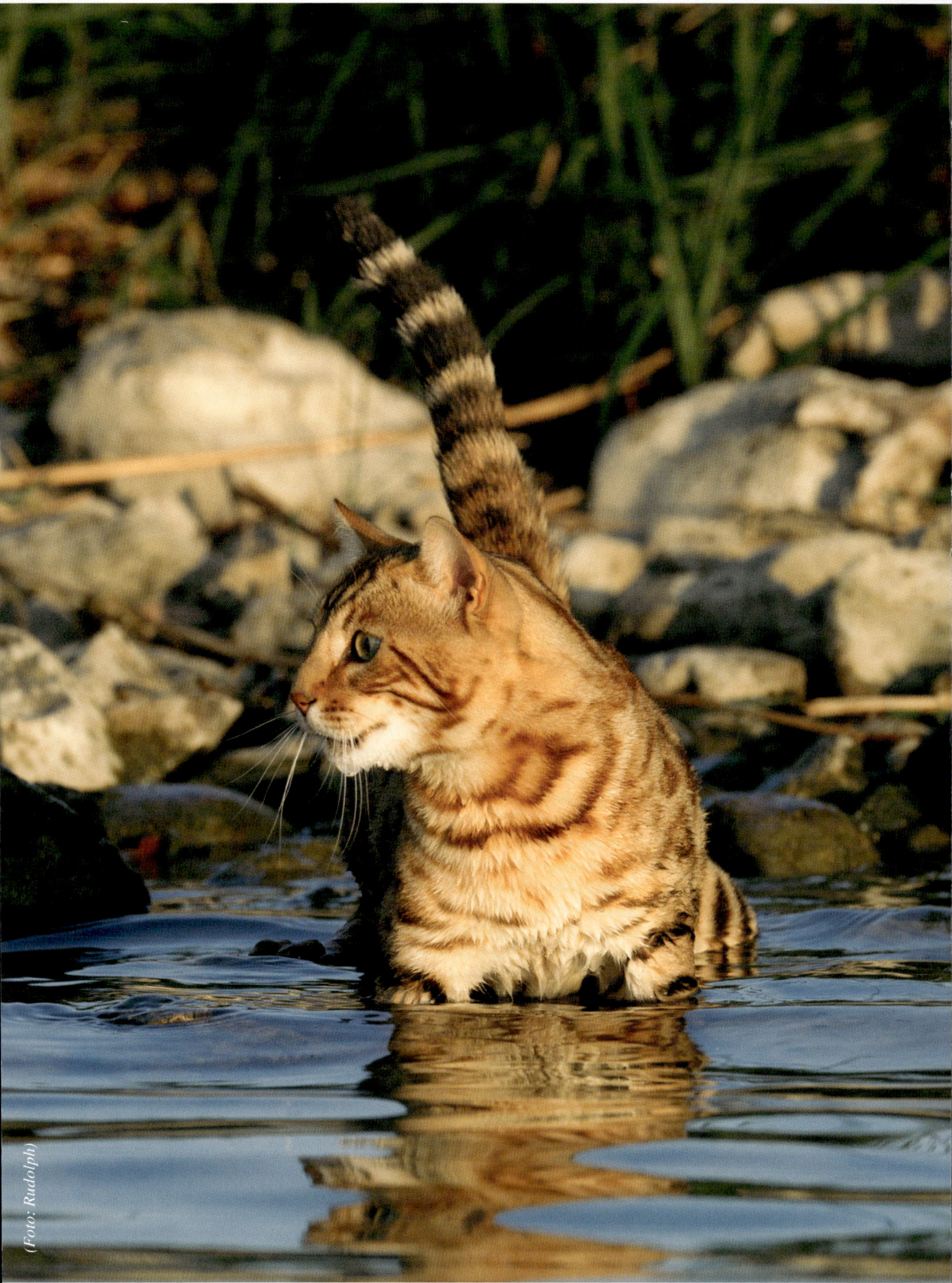

(Foto: Rudolph)

Farben: überraschende Vielfalt 50

Brown (Black) Tabby 50

Black Silver Tabby 53

Snow-Variationen 54

Nicht anerkannte Farben 57

So bleiben Bengalen fit und gesund ... 59

Hypertrophe Kardiomyopathie (HCM) ... 59

Progressive Retina-Atrophie (PRA) 60

Pyruvat-Kinase-Defizienz (PK-Def.) ... 61

Flat Chested Kitten Syndrom (FCK) .. 63

Patellaluxation (PL) 64

Die Zucht von Bengalkatzen 67

Die passende Zuchtkatze aussuchen 67

In die Zukunft schauen 67

Gesundheit an erster Stelle 68

Wild Look – ein ehrgeiziges Zuchtziel . 69

Der Körperbau 70

Bewegung und Körperhaltung 71

Der Kopf 71

Ausstellungen – Spieglein,
Spieglein an der Wand 75

Was ist eine Showkatze? 75

Ein paar Formalitäten 76

Vorbereitung auf die Ausstellung 77

Der große Tag ist da 79

Bengalen richten 81

Gesundheit und Körperbau 82

Charakter 82

Tipps für die Richter 82

Antworten auf häufig
gestellte Fragen 85

Anhang 92

Tipps zum Weiterlesen 92

Vereine 93

Interessengemeinschaften 93

Kontakt zu den Autoren 93

Register 94

Abkürzungsverzeichnis 95

(Foto: Hauke)

Vorwort

Seit dem Zeitalter der Pharaonen war es ein Traum vieler Menschen, die atemberaubende Schönheit der Wildkatzen mit dem sanften Wesen der Hauskatzen zu vereinen. Das Unterfangen erwies sich jedoch als besonders schwierig: Einerseits gab es nirgends Hauskatzen mit der typischen Rosettenzeichnung der Leoparden, einem wild aussehenden Kopf und einem hellen, getupften Bauch. Andererseits sind Wildkatzen sehr scheu und lassen sich nicht domestizieren, selbst wenn sie über mehrere Generationen in Gefangenschaft leben. Sollte sich also dieser Traum nie verwirklichen?

Erst gegen Ende des 20. Jahrhunderts wurden Hauskatzen mit Asiatischen Leopardenkatzen bewusst verpaart. Somit wurde eine Rasse entwickelt, deren Aussehen sich an jenem der Wildkatzen orientiert und die doch, dank ihres freundlichen Charakters und ihrer bescheidenen Körpergröße, in jedes Wohnzimmer passt: die Bengalkatze. Obwohl es schon seit jeher Katzenrassen mit getupftem Fell gab – man denke nur an die Ägyptische Mau –, so hatte doch keine je den unverkennbar wilden Ausdruck der Bengalen.

Diese unterscheiden sich nicht nur äußerlich von allen bisher bekannten Katzenrassen. Ihre Dynamik im Spiel und die schier unendliche Energie überraschen selbst erfahrene Katzenbesitzer. Dank ihres sehr ausgeprägten Jagdinstinkts machen Bengalen meist kurzen Prozess mit allem, was durch ihr Revier kriecht oder fliegt. Selbst Katzenspielzeuge widerstehen dem ungebremsten Eifer oft nicht sehr lange. Katzenliebhaber, die seit ihrer frühen Kindheit immer ihr Heim mit Samtpfoten teilten, berichten, dass sie nie so viel Spaß mit einer Katze hatten wie mit den Bengalen.

Unser Dank gilt allen, die uns bei diesem Werk unterstützt haben, sei es durch Wissens- und Erfahrungsaustausch, zur Verfügung gestellte Fotos oder einfach nur durch ein offenes Ohr. Weiterhin gilt unser Dank unseren Familien und Freunden, die uns tagtäglich zur Seite stehen, sowie unseren Samtpfoten für all die schönen Momente – wir freuen uns auf viele weitere!

Ein ganz besonderer Dank geht an Kurt Vlach, Maja Ehret und Claudia Cereghetti für das geduldige Korrekturlesen sowie an Nadine Haase und Hans-Joachim Rudolph, die beide viel Zeit und Engagement während der Fotoshootings für dieses Buch investiert haben!

Boris Ehret und Sabine Wamper,
im Februar 2012

(Foto: Wamper)

Die Bengalkatze
Wildes Aussehen, sanftes Wesen

In diesem Kapitel möchten wir der faszinierenden Veränderung auf den Grund gehen, wie aus wilden Asiatischen Leopardenkatzen zahme und verschmuste Rassekatzen im Leopardenmantel wurden.

Die Geschichte der Rasse

Bengalen sind in der TICA, dem weltgrößten genetischen Zuchtbuch zur Registrierung von Rassekatzen, erst seit 1991 eine anerkannte Rasse und konkurrieren um Titel. Dennoch wurde bereits viel früher mit dem Kreuzen zwischen Asiatischen Leopardenkatzen (Asian Leopard Cats, kurz ALCs) und Hauskatzen experimentiert und so der Grundstein für die neue Rasse gelegt. In diesem Kapitel möchten wir Schritt für Schritt die Entstehung der Bengalen skizzieren und aufzeigen, wie sich die Rasse entwickelt hat.

Meilensteine einer noch jungen Katzenrasse

1927: Die englische Zeitschrift *Cat Gossip* berichtet von Beobachtungen, die in Singapur gemacht wurden. Dort soll eine Frau einen Wurf von kleinen Asiatischen Leopardenkatzen mit der Flasche aufgezogen haben.

1934: Ein belgisches Wissenschaftsjournal veröffentlicht einen Artikel über den ersten Versuch, eine ALC mit einer Hauskatze zu kreuzen.

1941: Erstmals liest die breite amerikanische Öffentlichkeit in dem Katzenmagazin *Cat Fancy* über die Hybridisierung zwischen ALCs und Hauskatzen.

Ab 1960: Immer mehr ALCs werden wegen ihres schönen Fells in die USA importiert und in Zoogeschäften als Haustiere verkauft. Da die ALCs nicht zahm sind, verpaaren viele Besitzer diese Wildtiere mit Hauskatzen und hoffen, so den Charakter zu verbessern. Diese Hybridisierung geht jedoch kaum je über die erste Generation hinaus.

Aus dieser Zeit stammt auch der Name „Bengalen". Er leitet sich vom wissenschaftlichen Namen für die ALC, Prionailurus Bengalensis, ab.

1961: Die Genetikerin Jean Mill (damals noch Jean Sudgen) kauft ein ALC-Mädchen namens Malaysia. Als Partner gibt sie ihr einen schwarzen Hauskater mit ins Gehege. Entgegen Erwartungen paaren sich die beiden, und so kommt Kin-Kin zur Welt, ein kleines, neugieriges Hybridmädchen. Die Experten der Cornwell-Universität vermuten, dass sie unfruchtbar sei. Doch auch sie hat einen Wurf mit dem schwarzen Kater, der ihr Vater war. Sie bekommt zwei Kitten, ein

schwarzes Mädchen (Pantherette) und ein ge-
tupftes Katerchen, das nach einem bedauerlichen Unfall jung stirbt. 1965 zieht Jean Mill
in ein Apartment in Südkalifornien und gibt
Malaysia dem San Diego Zoo. Kin-Kin und
Pantherette bleiben bei Jean Mill, sterben jedoch wenig später an Lungenentzündung. So
endet das erste eigentliche Zuchtprojekt.

1963: *Das International Zoo Yearbook*
(London) berichtet, dass im Zoo von Tallinn
(Estland, damals noch UdSSR) fünf Hybrid-
kitten aus einer domestizierten Katze und einem ALC-Kater geboren wurden.

Frühe 1970er-Jahre: Forscher entdecken,
dass viele Wildkatzen eine natürliche Immunität gegen feline Leukämie besitzen. Prof.
William Centerwall von der Loyola-Univer-
sität (USA) startet ein Forschungsprogramm,
um herauszufinden, ob sich die angeborene
Immunität von einer Spezies zur anderen
übertragen ließe. Dafür verwendet er Blut
von Hybriden aus ALC und domestizierten
Katzen.

Ab 1977: Katzen der zweiten und dritten
Generation nach dem Wildtier werden in der
American Cat Fanciers Association (ACFA)

(Foto: Mill)

Milestones @ Millwood

Stammkatzen der Millwoodzucht

1 Centerwall ALCs
2 Millwood Tory of Delhi (links)
   mit Praline, Pennybank und Rorschach
3 Millwood Painted Desert
4 Millwood Kin-Kin
5 Millwood Penny Ante
6 Millwood Mirror Mirror
7 Millwood Silk'n Cinders
8 ALC Kabuki

als „experimentelle Rasse" registriert und sowohl auf Ausstellungen der ACFA als auch der Cat Fanciers Association (CFA) gezeigt.

1980: Jean Mill übernimmt vier weibliche Hybriden von Prof. Willard Centerwall: Liquid Amber (3/4 ALC), Favie, Shy Sister und Doughnuts. Wenig später kommen Praline, Pennybank, Rorschach, Raising Sunday und Wine Vinegar dazu.

Jean Mill beginnt die Rasse zu entwickeln. Sie weiß mittlerweile, dass in den ersten Generationen nur die weiblichen Hybriden fruchtbar sind. Daher hält sie nach geeigneten Katern für ihr Zuchtprogramm Ausschau. Sie entscheidet sich für einen Kater aus einem nahe gelegenen Tierheim und für Millwood Tory of Delhi, einem Kurzhaarkater mit dunklen Tupfen und einer wunderbaren Orange-Grundfarbe, den sie bei einer ihrer Reisen im Zoo von Delhi findet. Millwood Tory of Delhi ist in nahezu allen Stammbäumen vertreten und er ist für den in der Rasse bekannten Glitter, ein wie Goldstaub funkelnder Schimmer im Fell, verantwortlich.

1980: Die erste Bengal wird bei der TICA registriert. Damals erlaubt es auch die CFA noch, Bengalen als domestizierte Katzen zu registrieren und auszustellen.

1983: Bengalen erhalten in der TICA den Status von „New Experimental Breed".

1985: Die CFA entscheidet sich in einer Abstimmung gegen sämtliche Katzen mit Wildblut. Dies geschieht auf Druck der Mau-Züchter und nach einem bedauerlichen Zwischenfall mit einer Hybridkatze der ersten Generation auf einer CFA-Ausstellung.

1985: Die ersten Bengalen werden als „New Experimental Breed" in der TICA ausgestellt. Jean Mill präsentiert der Öffentlichkeit Bengalen und zeigt, dass getupfte Katzen mit geringer Prozentzahl Wildblut attraktiv und handzahm sind. Die Rasse gewinnt rasch an Popularität, und so formiert sich auch bald die TICA Bengal Breed Section.

1986: Die TICA nimmt den ersten geschriebenen Rassestandard an.

1987: Millwood Penny Ante, deren Großvater ein ALC war, wurde auf 27 Ausstellungen gezeigt und war immer freundlich und entspannt. Sie sorgt für riesiges Aufsehen und ihr ist es hauptsächlich zu verdanken, dass die Bengalen zu solch einem Triumphzug auflaufen können.

August 1987: Ein Bengalkätzchen mit einer neuen und unerwarteten Zeichnung kommt zur Welt. Jean Mill nennt diese erste marmorierte Bengal Painted Desert. Auf Ausstellungen findet sie derart großen Anklang, dass fortan auch die Zeichnung Marbled anerkannt wird.

1988: Die Interessengemeinschaft TIBCS (The International Bengal Cat Society) wird gegründet und das erste *Bengal Bulletin* erscheint. Diese Zeitschrift berichtet ausschließlich über Bengalen.

1991: Bengalen in Brown (Black) Spotted, vier Generationen vom Wildtier entfernt, erlangen den „Championship Status" bei der TICA. Die Bengalen haben sich als Rasse etabliert und dürfen fortan, wie alle anderen anerkannten Rassekatzen, um Titel konkurrieren.

Allen ALCs gemeinsam sind der weiße Bauch, der mit schwarzen Tupfen übersät ist, und die horizontale Ausrichtung der Zeichnung auf dem Körper. (Foto: Korinek)

1993: Die Marbled Bengalen werden für den Championship Status zugelassen. Nur ein Jahr später kommen auch die Farben Seal Lynx Point, Seal Mink Tabby und Seal Sepia Tabby hinzu.

1995: Mehr als 10 000 Bengalen sind bei der TICA registriert.

2004: Als weitere Farbe wird Silver für den Championship Status bei der TICA anerkannt.

2011: Bei der TICA sind mehr als 86 124 Bengalen registriert (Stand: 9. August 2011). Sie sind damit die weitaus beliebteste Katzenrasse in diesem Verband.

Gewisse Bengalen haben ihre Zeit geprägt, sei es, weil sie besondere Eigenschaften hatten, die zu jener Zeit noch sehr selten waren, oder weil sie als Zuchttiere die Rasse stark beeinflusst haben und in sehr vielen Stammbäumen vertreten sind:

🐾 Millwood French Lace war 1996 eine der ersten Bengalen mit Rosetten und einem weißen Bauch. Beinahe alle Linien, die zur Zucht für den weißen Bauch verwendet werden, gehen auf French Lace zurück.

🐾 Joykatz Ace Inda Hole wurde 1996 geboren. Er war einer der ersten Kater, der am ganzen Körper Rosetten hatte und diese auch großzügig an seine Nachkommen weitergab.

🐾 Hunterdonhall Tarzan hat 1998/1999 eine radikale Veränderung in Sachen wilder Ausdruck bewirkt. Er hat wie kaum ein anderes Tier die Geschichte der Rasse beeinflusst. Nachdem man lange Jahre nur Katzen mit sehr klarem Fell (clear-coated) und warmen Farben gesehen hatte, fiel er durch sein Ticking und eine Farbnuance ohne Rufismus auf.

🐾 Dicaprio of Starbengal wurde im Jahr 2000 ausgestellt. Er hatte riesige Dough-nut-Rosetten, wie man sie zuvor noch nie gesehen hatte. Somit wurden durch ihn die größeren Rosetten zur Mode.

🐾 Stonehenge Wurththawate of Snopride kam im Jahr 2002 zur Welt. Er hat den Typ (insbesondere die breite Nase und das Profil) sowie den schweren Körperbau an zahlreiche Nachkommen weitergegeben und somit einen unverwechselbaren Look geprägt, der sich bis heute in einem Großteil aller erfolgreichen Showkatzen widerspiegelt.

🐾 Calcatta Custom Made, ebenfalls Jahrgang 2002, verblüfft durch seine wunderschöne Zeichnung: schwarze Rosetten auf einem glasklaren hellgelben Hintergrund. Diese Eigenschaften hat er auch immer wieder an seine zahlreichen Nachkommen weitergegeben.

🐾 Bridlewood A License To Thrill bestach 2003/2004 auf den Ausstellungen vor allem durch seinen tollen Kontrast und ist

ebenfalls sehr häufig in Stammbäumen vertreten. Die Thrillerlinie ist in puncto intensive schwarze Zeichnung sehr gefestigt und unübertroffen.

Die ALC – der Ausgangspunkt

Die Asiatische Leopardenkatze (Prionailurus Bengalensis), früher oft auch als Felis Bengalensis bezeichnet, ist eine in Südostasien weitverbreitete Katzenart, die einen riesigen Lebensraum bevölkert und relativ nah mit unseren Hauskatzen verwandt ist. Trotz ihres spektakulären Aussehens ist sie bei uns nur wenig bekannt und wird auch sehr selten in Zoos gezeigt. Zur Unterscheidung von der Hauskatzenrasse Bengal werden die Wildtiere oft als ALC (Asian Leopard Cat) bezeichnet. Wir wollen das hier auch so halten.

Die ALC lebt meistens in der Nähe von Wasser, stellt aber ansonsten keine besonderen Ansprüche an ihre Umgebung. In tropischen Regenwäldern ist sie ebenso zu Hause wie in Nadelwäldern, im Grasland und im Gebirge bis unterhalb der Schneegrenze. Die Verbreitung reicht vom Amur-Gebiet im südöstlichen Sibirien über Korea und China bis nach Indien, Pakistan und Indonesien. Sie bewohnt die Inseln Quelpart, Tsushima, Taiwan, Hainan, Sumatra, Java, Borneo, Bali, Lombok sowie einige Inseln der Zentralphilippinen. Die ALC tritt in zahlreichen Farbvarianten und in 16 Unterarten auf. In Ostsibirien sehen die Katzen ganz anders aus als auf den indonesischen Inseln. Im Süden ist die Grundfarbe gelblich, im Norden eher graubraun. Der Körper ist mit schwarzen Flecken übersät. Diese Flecken bilden bei einzelnen Unterarten mittelgroße Rosetten, bei anderen hingegen kleine Tupfen.

Die weißen Wildflecken auf den dunklen Ohren werden Ocelli genannt. (Foto: Ehret)

etwas kürzer, buschiger und hat ein auffallend rundes Ende.

Die ALC wird meistens als nachtaktiver Einzelgänger beschrieben. Neuere Studien, die mithilfe von Funksendern durchgeführt wurden, zeigen hingegen, dass die ALC sowohl in der Nacht wie auch am Tag jagt. Sie bewegt sich meist am Boden, kann aber auch gut klettern. Die ALC ist nicht wasserscheu und schwimmt beispielsweise, um Fische zu jagen.

Die ALC ist keine aggressive Wildkatze. Im Gegenteil: Im Allgemeinen vermeidet sie den Kampf und zieht es vor zu flüchten. In ihrem natürlichen Lebensraum ist sie sowohl ein Jäger als auch ein Beutetier. Ihre natürlichen Feinde sind größere Katzen, Raubvögel und natürlich der Mensch. Wie die meisten anderen Wildkatzen ist die ALC in ihrem Jagdverhalten eher ein Opportunist und frisst, was ihr gerade über den Weg läuft und sich leicht fangen lässt. Zu den Beutetieren gehören Mäuse, Hasen, Vögel, Reptilien und Insekten sowie Fische und Krebstiere. Wenn sie sich in der Nähe menschlicher Siedlungen aufhält, kommt es auch vor, dass sie mal ein Huhn erlegt oder Eier frisst.

Wegen ihres Fells wurden die ALCs seit Jahrhunderten vom Menschen gejagt. Die misstrauischen und scheuesten unter ihnen hatten die besten Überlebenschancen und konnten sich daher am ehesten fortpflanzen. So kommt es, dass sich diese Eigenschaften sehr dominant in ihren Genen gefestigt haben. Dies erklärt, warum eine ALC, selbst wenn sie vom Menschen aufgezogen und gehalten wird, kaum je ihre angeborene Scheu ablegt und sich zu einem zutraulichen Tier entwickelt. Die Erfahrung hat gezeigt, dass es bedeutend schwieriger ist, eine ALC an das Zusammenleben mit dem Menschen

Im Schnitt wiegt eine ALC zwischen 3 und 7 Kilogramm, also ungefähr so viel wie eine gewöhnliche Hauskatze. Sie erreicht eine Körperlänge von 70 bis 150 Zentimetern, wovon 25 bis 40 Zentimeter auf den Schwanz entfallen. Im Vergleich zu einer Hauskatze hat die ALC einen zusätzlichen Rückenwirbel und ihr Körper ist länger, kräftiger und muskulöser. Ihr Kopf ist etwas kleiner und meistens mit schwarzen Streifen gezeichnet. Diese verlaufen parallel von der Stirn bis zum kräftigen Nacken. Die Ohren sind rund und haben auf der dunklen Hinterseite einen weißen Tupfen. Der Schwanz einer ALC ist zu gewöhnen als manch andere größere Wildkatze, wie zum Beispiel einen Serval oder einen Gepard.

Ähnlich wie bei unseren Hauskatzen bringen die ALCs nach einer Tragzeit von 63 Tagen ihre Jungen meistens im Monat Mai zur Welt. Die Geburt und Aufzucht findet geschützt in einem hohlen Baumstrunk oder in einer Höhle statt. Die Würfe sind in der Regel etwas kleiner als bei den Hauskatzen (im Schnitt zwei bis drei Kätzchen). Die Jungtiere wiegen bei der Geburt zwischen 75 und 130 Gramm und die Augen sind noch geschlossen. Diese öffnen sie erst nach etwa zehn Tagen. Nach etwa 23 Tagen fressen die Jungen bereits vorverdautes Fleisch, das sie von der Mutter erhalten. Im Gegensatz zu den meisten anderen Wildkatzen bilden die Asiatischen Leopardenkatzen oft lebenslange Paarbeziehungen und das Männchen zieht die Jungtiere gemeinsam mit dem Weibchen auf. Die Jungen bleiben meist sieben bis zehn Monate bei den Eltern, also bis zum nächsten Reproduktionszyklus. Die Geschlechtsreife wird erst mit etwa 18 Monaten erreicht.

Wie unsere Hauskatze hat die ALC 38 Chromosomen (19 Chromosomenpaare). Andere wilde Kleinkatzen, wie zum Beispiel der Ozelot, die Margay oder die Geoffrey's Katze, haben nur 36 Chromosomen (18 Paare). Einige wissenschaftliche Quellen berichten, dass in den Herkunftsländern spontane Paarungen zwischen einer ALC und einer Hauskatze vorkommen. Aus der Bengalzucht wissen wir nun allerdings, dass die männlichen Nachkommen solcher Hybridverpaarungen bis zur dritten Generation unfruchtbar sind.

Farbmutationen sind bei der ALC zwar sehr selten, können aber sowohl in Gefangenschaft als auch in der freien Wildbahn vorkommen. So lebte in einem thailändischen Zoo ein völlig schwarzes (melanistisches) ALC-Mädchen. 2002 tappte hingegen ein ausgewachsenes Albinomännchen mit roten Augen in eine Fotofalle.

Die ALC in Gefangenschaft

Eine ALC ist als Haustier ungeeignet, weil sie immer sehr scheu bleibt. Selbst wenn sie von Menschen aufgezogen wurde, lässt sie sich als Erwachsene kaum mehr anfassen. Zur Haltung benötigt man eine Genehmigung der örtlichen Behörden, zur Ein- und Ausfuhr offizielle CITES-Dokumente. Eine artgerechte Haltung ist nur möglich, wenn die Besitzer alle Bedingungen zur Haltung von Wildkatzen erfüllen und dementsprechende Gehege mit Außen- und beheizbarem Innenbereich bauen. Alle Ein- und Ausgänge im Bereich der Wildtiere müssen durch eine Schleuse gesichert sein, sodass die ALC nicht durch eine kleine Unachtsamkeit entwischen kann. Im Gehege müssen den Katzen Klettergelegenheiten und Höhlen zur Verfügung gestellt werden. Die ALCs sind in Zoos selten anzutreffen, weil sie für das Publikum weniger attraktiv sind als die großen Raubkatzen.

ALCs haben einen kräftigen Körper und einen verhältnismäßig kleinen Kopf. (Foto: Coppens)

Dieser wilde Ausdruck vermag zu faszinieren. (Foto: Korinek)

Die ALC in der Bengalzucht

Für die Zucht der Bengalen werden fast ausschließlich männliche Asiatische Leopardenkatzen verwendet. Dies ergibt auch Sinn, denn so wird die erste Generation der Hybriden von einer domestizierten Hauskatze aufgezogen und sozialisiert.

Obwohl die ALC und die Bengalen praktisch gleich groß sind und sich genetisch kaum unterscheiden, ist die Hybridisierung alles andere als einfach. Bei Weitem nicht alle Kater paaren sich mit einer Hauskatze. Es kommt auch vor, dass ein ALC-Männchen sich ein Weibchen aussucht und dann ausschließlich dieses deckt. Zu guter Letzt kommt es nicht selten vor, dass die Mädchen nicht kooperieren.

Foundations – die ersten Generationen von Hybridkatzen

Die allermeisten Jungtiere, die aus der Kreuzung von ALC und Hauskatze hervorgehen (F1 genannt), sind scheu und als Haustiere nicht geeignet. Die F1-Weibchen werden zur Weiterzucht mit einem Bengalkater verpaart, so entstehen F2. Man benötigt für die Haltung einer F1- bis F3-Katze eine Genehmigung. Auf Shows dürfen Katzen erst ab der vierten Generation (F4) gezeigt werden. Wenn wir von einem Bengalen sprechen, dann verstehen wir darunter eine Katze, die mindestens vier Generationen vom Wildtier entfernt ist. Die Tiere der ersten drei Generationen werden gewöhnlich Foundation Cats (F) genannt, ab der vierten Generation werden sie als SBT (Stud Book Tradition) bezeichnet.

Bengalen sind sozial und haben einen sehr ausgeprägten Spieltrieb. Sie sollten daher nicht als Einzelkatzen gehalten werden. (Foto: Rudolph)

Charakter – Aktion und Sanftmut in einem

Das Ziel der Bengalzucht ist eine Katze, die dem äußeren Erscheinungsbild der wilden ALC so sehr ähnelt wie möglich, jedoch das sanfte Wesen einer Hauskatze hat.

Bengalen sind heutzutage keinesfalls wild oder aggressiv. Sie können ganz normal wie andere Katzen in der Wohnung oder im Haus gehalten werden – vorausgesetzt, sie stammen aus einer seriösen Zucht mit einer guten Aufzucht und einer optimalen Sozialisierung (mehr dazu ab Seite 23).

Katzenliebhaber werden meistens wegen des auffallend schönen Aussehens auf Bengalen aufmerksam, doch gerade ihr einzigartiger Charakter macht sie zu etwas ganz Besonderem. Nicht selten hört man: „Bengalen sind treu und anhänglich wie Hunde" oder: „Einmal Bengal – immer Bengal".

Jede Katze ist ein Individuum und es wäre verkehrt, alle Bengalen über einen Kamm zu scheren. Rassekatzen unterscheiden sich jedoch nicht nur durch äußerliche Merkmale, sondern zeigen auch typische Verhaltensweisen und Wesenszüge. Diese können bei der einen Katze stärker und bei einer anderen schwächer ausgeprägt sein, doch sind sie in der Regel vorhanden und somit für die Rasse als typisch anzusehen.

Kurz und knapp kann man sagen, dass Bengalen sehr aktiv und temperamentvoll, aber gleichzeitig auch sehr anhänglich, verschmust und menschenbezogen sind.

Bengalen spielen äußerst gern und sehr ausgiebig! Wer also nur einen kleinen Leoparden im Wohnzimmer als Dekoration ha-

Beim Agilitytraining können sich Bengalen prima austoben. (Foto: Ehret)

Ein Katzenlaufrad kommt der Bewegungsfreude der aktiven Bengalen entgegen, stärkt die Muskulatur und hält fit! (Foto: Haase)

ben möchte, für den ist eine Bengal nicht geeignet. Bengalen sind intelligente und neugierige Katzen, für die das Spiel mit ihren Menschen und Artgenossen ein wichtiger Teil des Alltags ist. Wer den ganzen Tag außer Haus ist, sollte die Anschaffung überdenken oder zumindest einen ebenso aktiven Artgenossen als Spielpartner halten. Durch ihre hohe Aktivität und ihren Spieltrieb sind Bengalen nicht als Einzelkatzen geeignet, denn trotz der Menschenbezogenheit ist der feline Partner durch nichts zu ersetzen.

Wer einmal beobachten konnte, wie Katzen untereinander spielen, wie sie ausgelassen balgen, toben, rennen, aber auch gegenseitige Fellpflege betreiben und aneinandergeschmiegt kuscheln und schlafen, der versteht nur allzu gut, dass man als Mensch diesem Bedürfnis nicht gerecht werden kann.

Natürlich gibt es wie immer Ausnahmen, die die Regel bestätigen. Hin und wieder müssen sich Züchter von erwachsenen Tieren trennen, weil diese sich in einer Katzengruppe nicht wohlfühlen und lieber allein leben. Für Kitten jedoch, die gerade erst mit ihren Geschwistern, der Mutter und womöglich auch mit anderen Katzen aus der Gruppe in einem sozialen Verband groß geworden sind, trifft dies bestimmt nicht zu.

Für Familien ist eine Bengal sehr gut geeignet, da sie im Spiel so ausdauernd ist wie die meisten Kinder. Diese Eigenschaft bleibt ihr, im Gegensatz zu vielen anderen Rassen, meist ihr Leben lang erhalten. Dank ihrer ausgeprägten Lernfähigkeit ist es möglich, einer Bengal verschiedene kleine Kunststücke beizubringen. Eine Bengal möchte beschäftigt und gefördert werden. Sie liebt Abwechslung und Neues. Mit Clickertraining, Cat-Agility und Ähnlichem mehr kann man Bengalen sinnvoll beschäftigen.

Fühlen sich die Tiere jedoch unterfordert, lassen sie sich auch gern allerhand Unfug einfallen. Eine tolle Beschäftigung für Bengalen ist ein Katzenlaufrad. Bengalen erkunden dieses „überdimensionierte Hamster-rad" meist selbstständig und benutzen es dann täglich für mehrere Stunden.

Wasser hat eine spezielle Anziehungskraft auf die meisten Bengalen. Dies kommt wohl daher, dass die Asiatischen Leopardenkatzen in sehr engem Kontakt mit dem Wasser leben.

Bengalen mögen Wasser. Sie bevorzugen es, fließendes Wasser aus Wasserhähnen oder Zimmerbrunnen zu trinken. Der Wassernapf wird oft zum Spielen missbraucht oder als Fussbad benutzt.

In bereitgestellten kleinen Wannen wird ausgiebig geplanscht – vor allem dann, wenn zum Beispiel ein schwimmender kleiner Ball dazu animiert, herausgefischt zu werden. Es gibt sogar Bengalen, die mit ihrem Besitzer duschen oder baden gehen!

Viele Bengalen sind sehr „gesprächig". Auch hier unterscheiden sie sich deutlich von anderen Katzen, weil sie mehr und verschiedenartige Laute produzieren können, um zu kommunizieren. Ihr Repertoire reicht von einem ganz typischen taubenartigen Gurren bis hin zu einem Wimmern, das an ein Kleinkind erinnert.

Bengalen lieben es zu klettern. Kein Platz erscheint ihnen hoch genug. Eine gesunde Bengal verfügt über enorme Sprungkraft, die gerade beim Spielen immer wieder in Erscheinung tritt. Durch lautes Schnurren und „Köpfchengeben" fordern sie ihre Menschen zu ausgiebigen Schmuseeinheiten auf. Gerade diese Kombination aus einem aktiven und lebhaften, aber zugleich auch sanften Wesen macht die Bengal zu einem so besonderen und einzigartigen Schmuseleoparden.

„Wasserscheu" ist für die meisten Bengalen ein Fremdwort. (Foto: Rudolph)

Dank ihrer langen Hinterbeine können Bengalen sehr gut springen. (Foto: Rudolph)

(Foto: Haase)

Kauf einer Bengalkatze
Auswahl des neuen Familienmitglieds

Gerade weil die Bengal in den letzten Jahren zu einer Modeerscheinung wurde und viele Menschen einen kleinen Leoparden im Haus halten möchten, sind Züchter wie Pilze aus dem Boden geschossen. Wie erkennen Sie einen seriösen Züchter, und wie finden Sie ein Kätzchen, das zu Ihnen passt? Auf den folgenden Seiten werden Sie Antworten auf diese wichtigen Fragen finden.

Bin ich „Bengal-geeignet"?

Bengalen sind anders! Wer überlegt, eine Bengal bei sich einziehen zu lassen, der sollte darauf gefasst sein, dass sein zukünftiger Mitbewohner ausgesprochen aktiv, verspielt und neugierig sein wird.

Wir haben bereits erfahren, dass Bengalen auch als erwachsene, ältere Tiere lange Spiel- und intensive Tobezeiten bei ihren Menschen einfordern. Vom Spieltrieb und Temperament her kann man sie am ehesten mit Abessiniern und Siamkatzen vergleichen.

Wenn Sie nicht im sprichwörtlichen Porzellanladen leben, der sich nicht nur vor Elefanten, sondern auch vor jedem Bengalen fürchten muss, und wenn Sie das ungestüme Temperament auch dauerhaft zu faszinieren vermag, wenn Sie die Gesprächigkeit nicht abschreckt und wenn Sie kein Problem damit haben, dass Ihnen eine Bengal auf Schritt und Tritt folgt, um an Ihrem Alltag teilzunehmen – dann, aber nur dann, sind Sie wirklich Bengal-geeignet. Wenn Sie zudem noch bereit sind, einen zweiten, ebenso dynamischen Artgenossen bei sich aufzunehmen und mit den beiden Katzen täglich ausgiebig zu spielen und zu schmusen, dann steht einer langen, intensiven und glücklichen Beziehung nichts mehr im Wege.

Jeder Interessent muss sich darüber bewusst werden, dass mit einer Bengal richtiges Leben ins Heim kommt. Diese Katzen sollte man sich niemals nur wegen ihrer Schönheit anschaffen.

Woran erkenne ich einen guten Züchter?

Wenn man entschlossen ist, künftig sein Leben mit Bengalen zu teilen, sollte man unbedingt damit beginnen, nach einem seriösen Züchter Ausschau zu halten. Man kann sich vorab im Internet verschiedene Homepages ansehen oder auf einer Katzenausstellung erste Kontakte knüpfen.

Es ist äußerst wichtig zu wissen, dass man den Züchter beziehungsweise sein Wissen, seine Erfahrung und Hilfestellung über den Verkauf des Kittens hinaus sozusagen „mitkauft". Der Züchter sollte sich bereits beim ersten Gespräch Zeit nehmen und sowohl freundlich als auch kompetent Auskunft geben können. Vor dem Kaufentscheid sollten

Augen, Nase und Ohren einer gesunden Katze sind immer sauber. (Foto: Rudolph)

Sie sich sicher sein, dass Sie dem Züchter vertrauen können. Zucht ist nicht gleich Zucht, und nicht jeder, der einem Verein angeschlossen ist, wird dadurch automatisch zu einem guten Züchter. Es ist ratsam, von einem Kauf abzusehen, wenn man in irgendeiner Weise unsicher ist oder ein ungutes Gefühl hat.

Nehmen Sie sich Zeit und schauen Sie sich verschiedene Zuchten persönlich an. Achten Sie darauf, wie der Züchter mit seinen Katzen umgeht und wie artgerecht und sauber die Haltung ist. Beobachten Sie das Aussehen und das Verhalten der Zuchttiere.

Folgende Punkte sollten Sie besonders beachten:

- Alle Räume beim Züchter sollten hell und sauber sein. Es ist wichtig, dass Klettermöglichkeiten, Schlafplätze und Rückzugsmöglichkeiten vorhanden sind.

- Lassen Sie sich alle Katzen und, falls vorhanden, auch den Kater vom Züchter zeigen. Machen Sie sich ein Bild von der Lebensqualität dieser Tiere und achten Sie darauf, ob eines völlig isoliert vom restlichen Katzenbestand leben muss. Kaufen Sie niemals eine Katze aus einer Zucht, deren Haltungsbedingungen Sie nicht restlos überzeugen. Wer nur aus Mitleid ein Kätzchen kauft, unterstützt leider dadurch die Machenschaften unseriöser Züchter.

- In jeder Zucht sollten immer nur so viele Katzen gehalten werden, dass jedes Tier

Was ist hier los? Bengalkitten sind neugierig und aufgeweckt. (Foto: Haase)

seine individuelle Aufmerksamkeit und Zuneigung erhält. Wir empfehlen kleine Zuchten mit drei bis fünf Zuchtkatzen.

- Bengalen sind zwar schlanke, aber sehr muskulöse Katzen, sie dürfen keineswegs mager oder gar dünn aussehen. Das Fell einer Bengal soll sehr seidig, weich und glänzend, keinesfalls rau und matt sein. Augen, Nasen und Ohren müssen sauber sein. Verschmutzte Afterregionen weisen auf Durchfall hin.

- Ein guter Züchter ist in der Lage, Sie zu beraten und alle anfallenden Fragen über die Rasse ausführlich zu beantworten. Sehr viel Wert sollten Sie auf die Gesundheitsvorsorge, auf Tests und Untersuchungen der Elterntiere legen. Fragen Sie den Züchter Ihrer Wahl danach, ob die Katzen regelmäßig auf FIV (Feline Immundefizienz) und FeLV (Felines Leukämievirus, Leukose) getestet wurden und ob ein (jährlicher) HCM-Ultraschall durchgeführt wird. Lassen Sie sich die Tests zeigen – ein Züchter, der nichts zu verbergen hat, wird sich über Ihr Interesse freuen. Weitere Informationen hierzu finden Sie auch ab Seite 59.

- Beobachten Sie das Verhalten der Jungtiere und der ausgewachsenen Katzen. Alle sollten einen liebenswerten und zutraulichen Charakter haben. Jungtiere müssen verspielt und menschenbezogen sein, keinesfalls aber scheu. Bengalen sind niemals von Natur aus misstrauisch. Erwarten Sie

Bei der Sozialisierung muss der Züchter genügend Zeit für jedes einzelne Kitten aufbringen. (Foto: Haase)

allerdings auch nicht gleich, dass alle Katzen mit Ihnen als zunächst Fremder sofort schmusen möchten. Machen Sie sich ein Bild darüber, wie sich die Katzen gegenüber dem Züchter verhalten.

🐾 Vorsicht bei Züchtern, die mehrere Rassen anbieten. Es ist kaum möglich, gleichzeitig mehr als eine Rasse seriös zu züchten.

🐾 Gute Züchter haben nicht ständig Kitten. Einen Wurf mit Verantwortung großzuziehen nimmt viel Zeit in Anspruch. Daher sollten nie mehr als ein bis maximal zwei Würfe gleichzeitig aufgezogen werden. Nach jedem Wurf muss dem Muttertier zur Regeneration eine genügend lange Pause zugestanden werden.

(Viele europäische Vereine erlauben pro Katze maximal drei Würfe innerhalb von 24 Monaten.)

🐾 Ein seriöser Züchter ist Mitglied in einem Katzenverein und gibt seine Kitten nur mit einem Stammbaum ab. Ein Züchter, der Kaufinteressenten erzählt, die Katze wäre deutlich preiswerter, weil sie keine Papiere hat, lügt ihnen frech ins Gesicht. Der Stammbaum macht eine Katze nicht teuer. Auch als Liebhaber sollten Sie darauf bestehen, eine Katze mit Stammbaum zu kaufen, denn nur dieser garantiert die Rassenreinheit des Tieres. Außerdem stellt die Mitgliedschaft des Züchters in einem Verein sicher, dass dieser sich an die Satzung des Vereins und dessen ethische Prinzipien hält.

❧ Ein Kitten aus einer seriösen Zucht zieht nicht vor der zwölften Woche in sein neues Zuhause ein. Die Zeit mit der Mutter und den Geschwistern bis zu diesem Alter ist für die Entwicklung der Kitten äußerst wichtig. Zudem werden in diesen zwölf Wochen die Kätzchen auch sozialisiert und an Menschen gewöhnt. Wesensmängel oder Verhaltensauffälligkeiten entstehen oft, weil die Tiere zu früh von der Mutter getrennt wurden. Unsere Kitten erhalten in der zwölften Woche die zweite Impfung gegen Katzenschnupfen und Katzenseuche. Sie verlassen ihren Geburtsort somit frühestens mit 13 bis 14 Wochen und nach einer gründlichen Untersuchung durch den Tierarzt.

❧ Wie steht der Züchter zum Verkauf seiner Katzen? Verkauft er sie einfach demjenigen, der zuerst kommt? Drängt er womöglich sogar auf den Verkauf? Hat der Züchter eine Warteliste? Kann man die Kitten schon bei bloßer Nachfrage per Telefon oder E-Mail reservieren und anzahlen? Oder rät er Ihnen, sich alles in Ruhe zu überlegen und auch andere Züchter zu besuchen?
Ein guter Züchter wird Ihnen nicht „einfach so" eine seiner Katzen verkaufen. Er wird Ihnen verschiedene Fragen stellen, da er das bestmögliche Zuhause für jedes seiner Kitten finden möchte. Es kommt durchaus vor, dass ein Züchter gewisse Interessenten ablehnt.
Kaufen Sie nie eine Katze auf einer Ausstellung. Ein seriöser Züchter nimmt seine Tiere auf jeden Fall wieder zu sich nach Hause. Dort versichert er sich, dass sie munter und gesund sind. Nach

Kaufen Sie nie ein Kitten, das jünger als zwölf Wochen ist, auch wenn die Verlockung eines so süßen Knäuels noch so groß sein mag! (Foto: Wamper)

frühestens fünf bis sieben Tagen dürfen die Tiere dann in ihr neues Zuhause.

❧ Ein guter Züchter hat für seine Kitten einen Festpreis. Er wird sich nicht auf eine Feilscherei einlassen. Wer sich im Preis herunterhandeln lässt, spart entweder bei der Aufzucht der Kitten, ist kein Mitglied eines Katzenvereins oder sieht seine Katzen als „Wurfmaschinen", die ständig und in viel zu kurzen Abständen Babys produzieren.

❧ Zusammen mit dem Kitten bekommen Sie von einem guten Züchter eine Menge Unterlagen: Impfpass, ein tierärztliches Gesundheitszeugnis, die negativen

Das Warten auf Ihr Traumkätzchen hat den Vorteil, dass man die Entwicklung von Anfang an mitverfolgen und den künftigen Mitbewohner in regelmäßigen Abständen besuchen kann. (Foto: Haase)

FIV- und FeLV-Testberichte sowie der Stammbaum gehören unbedingt dazu. Die Kätzchen sind zweimal gegen Katzenschnupfen und Katzenseuche geimpft und regelmäßig entwurmt worden. Zudem haben sie bereits einen Microchip. Achten Sie darauf, dass Sie Ihr Kitten nicht unmittelbar nach der Impfung bekommen. Es ist besser, wenn es noch ein paar Tage beim Züchter bleibt. So sind Sie sicher, dass eventuelle Impfreaktionen bereits überstanden sind.

Viele Züchter geben zusammen mit den Jungtieren auch eine umfassende Informationsmappe ab, in der Sie alles über die Gewohnheiten Ihres Kittens und etwas über die Rasse im Allgemeinen erfahren. Ein seriöser Züchter gibt seine Kitten nur mit einem Kaufvertrag ab!

🐾 Hat Ihr Züchter Interesse an einem weiteren Kontakt? Freut er sich über E-Mails und Fotos? Möchte er das Kitten, falls möglich, sogar gern bei Ihnen besuchen? Ein guter Züchter wird auch nach dem Verkauf für Sie da sein und Ihnen mit Rat und Tat zur Seite stehen.

🐾 Ein seriöser Züchter hat mit Sicherheit auch einige Fragen an Sie. Er interessiert sich für die Haltebedingungen bei Ihnen. Fragen können beispielsweise sein:

🐾 Wo und wie leben Sie?

- Wie sieht Ihr gewöhnlicher Tagesablauf aus?

- Hatten Sie bereits Katzen?

- Suchen Sie eine Einzelkatze oder lieber zwei?

- Haben Sie noch weitere Haustiere?

- Haben Sie Kinder?

- Was erwarten Sie von Ihrem zukünftigen Kitten?

- Welche Charaktereigenschaften sind Ihnen wichtig?

- Haben Sie bestimmte Vorstellungen, was Farbe, Muster, Geschlecht angeht?

- Suchen Sie ein reines Liebhabertier oder ein Kitten für Zucht und Show?

- Möchten Sie Ihrer Katze Freilauf bieten?

künftigen Bengalbesitzer persönlich kennengelernt haben.

Man sollte also nicht zu ungeduldig sein. Um ein tolles Bengalkitten aus einer seriösen Zucht zu bekommen, muss man oft mit einer Wartezeit von einem halben bis einem Jahr rechnen.

Bevor Sie Ihren Namen auf eine Warteliste eintragen lassen, sollten Sie sich unbedingt über folgende Punkte im Klaren sein:

- Möchten Sie Ihr zukünftiges Familienmitglied wirklich bei diesem Züchter kaufen?

- Bevorzugen Sie eine bestimmte Farbe oder Zeichnung?

- Haben Sie einen bestimmten Wunsch bezüglich des Geschlechts des Kittens?

- Haben Sie eine bestimmte Vorstellung über die Charaktereigenschaften Ihres zukünftigen Kätzchens?

- Suchen Sie ein Liebhabertier oder eine Zucht- und Showkatze?

Hat Ihnen der Besuch der Zucht gefallen, empfiehlt es sich, mit dem Züchter in Kontakt zu bleiben und Ihr ernsthaftes Interesse an einem seiner Kätzchen zu bekunden.

Die Nachfrage nach schönen, wesensfesten und vor allem gesunden Bengalen ist groß. Es kann durchaus vorkommen, dass der Züchter nicht gleich ein für Sie geeignetes Jungtier hat. Jeder Züchter handhabt seine Warteliste unterschiedlich. Bei uns zum Beispiel gilt nicht das Prinzip: „Wer zuerst kommt, ist zuerst an der Reihe". Wir entscheiden individuell für jedes Kitten, zu wem es am besten passt – natürlich erst dann, wenn wir die

Der Züchter wird sich bestimmt bei Ihnen melden, wenn die Kitten das Licht der Welt erblickt haben. Nach ein paar Wochen ist es an der Zeit, mit dem Züchter einen Termin für den ersten Besuch zu vereinbaren. Wenn Sie ein Kätzchen ausgesucht haben, ist es üblich, eine Anzahlung zu leisten und einen Reservierungsvertrag zu unterzeichnen.

Mit 13 bis 16 Wochen sind die Kleinen dann bereit, zu ihren neuen Adoptiveltern zu ziehen. Viele Züchter bringen ihre Babys persönlich in ihr neues Zuhause, um beobachten zu können, wie die Kleinen auf das neue Umfeld reagieren.

(Foto: Haase)

Rassebeschreibung
Samtpfoten im Leopardenmantel

Die atemberaubende Schönheit der Zeichnung, der athletische Körperbau und der wilde Ausdruck machen die Bengal immer beliebter. Sie bringen einen Hauch exotischen Ur-walds in unsere Wohnzimmer. Unsere Bengalen sind allerdings noch weit davon entfernt, perfekt zu sein, und es steht uns Züchtern noch ein langer, faszinierender Weg bevor.

Der Rassestandard

Als Rassestandard oder Zuchtstandard be-zeichnet man die von verschiedenen Zucht-verbänden definierten und festgeschriebenen charakteristischen Merkmale einer Rasse. Nachfolgend ist der Rassestandard der TICA aufgeführt. In diesem Verband sind weltweit mit Abstand die meisten Bengalen registriert. (Bengal Breed Standard, 1. Mai 2008, Über-setzung aus dem Englischen)

Kategorien: Alle.
Divisionen: Tabby, Silver/Smoke.
Farben: Brown Tabby, Seal Sepia Tabby, Seal Mink Tabby, Seal Lynx Point, Black Silver Tabby, Seal Silver Sepia Tabby, Seal Silver Mink Tabby, Seal Silver Lynx Point.
Zeichnung: nur getupft oder marmoriert.
Erlaubte Outcrosses: Keine.

Kopf:
Form: Breiter modifizierter Keil, mit gerun-deten Konturen, länger als breit. Der Kopf sollte im Verhältnis zum Körper klein sein. Dies darf jedoch nicht zu extrem ausfallen. Der Schädel soll hinter den Ohren eine sanfte Kurve bilden, die hinunter bis zum Nacken

Kopf	35 Punkte
Form	6
Ohren	6
Augen	5
Kinn	3
Schnauze	4
Nase	2
Profil	6
Nacken	3

Körper	30 Punkte
Torso	5
Beine	4
Füße	4
Schwanz	5
Knochenbau	6
Muskulatur	6

Fell/Farbe/Zeichnung	35 Punkte
Textur	10
Zeichnung	15
Farbe	10

Bengalen sprechen gern mit ihren Menschen. (Foto: Haase)

führt. Bei ausgewachsenen Katern sind Katerbacken erlaubt. Der Ausdruck des Kopfes einer Bengal sollte sich klar von dem einer Hauskatze unterscheiden.

Ohren: Mittelgroß bis klein, verhältnismäßig kurz, weit am Ansatz und mit gerundeten Ohrspitzen. Halb auf dem Kopf, halb auf der Seite sitzend. Von vorn gesehen, verlängern sie die Konturen des Gesichts. Von der Seite betrachtet, neigen sie sich etwas nach vorn. Leichte horizontale Behaarung in den Ohren wird geduldet, Luchspinsel sind hingegen nicht erwünscht.

Augen: Oval, beinahe rund. Groß, aber nicht hervorstehend. Weit auseinander und tief gesetzt, leicht schräg zum Ansatz der Ohren gestellt. Die Augenfarbe hängt, mit Ausnahme

bei der Lynx Point, nicht von der Fellfarbe ab. Je intensiver die Augenfarbe ist, desto besser.

Kinn: Das Kinn sollte stark sein und, von der Seite betrachtet, in einer Linie mit der Nasenspitze liegen.

Schnauze: Voll und breit, mit ausgeprägten Schnurrhaarkissen. Hohe hervortretende Backenknochen. Die Schnauze sollte von den Schnurrhaarkissen leicht abgesetzt sein.

Nase: Groß und breit, mit leicht vorstehend geformtem Nasenspiegel.

Profil: Ein Bogen führt, ohne sichtbare Kante, von der Stirn direkt hin zum Nasenrücken und reicht bis über die Augen. Die Linie vom Vorderkopf bis zur Nasenspitze sollte einen ganz leichten konkaven Bogen bilden oder nahezu gerade verlaufen.

Nacken: Der Nacken sollte lang, kräftig und muskulös sein. Er sollte in guter Proportion zu Kopf und Körper stehen.

Körper

Torso: Lang und kräftig, weder vom orientalischen noch vom fremdländischen Typ. Mittelgroß bis groß (kleiner als die größten domestizierten Rassen).

Beine: Mittellang, die Hinterbeine etwas länger als die Vorderbeine.

Pfoten: Groß und rund, mit auffallenden Knöcheln.

Schwanz: Er sollte mittlerer Länge und buschig sein, konisch zulaufend mit rundem Ende.

Knochenbau: Robust und kräftig, niemals zierlich.

Muskulatur: Sehr muskulös. Besonders bei Katern ist dies ein stark ausgeprägtes Merkmal.

Fell/Farbe/Zeichnung

Fell

Länge: Kurz bis mittellang. Bei Jungtieren ist ein etwas längeres Fell erlaubt.

Textur: Dicht, luxuriös und glatt anliegend. Fühlt sich seidenweich an.

Zeichnungen: Getupft oder marmoriert.

Getupft: Die Tupfen sollten zufällig oder horizontal angeordnet sein. Rosetten bestehen aus einem Teilkreis mit dunklerem Rand und hellerem Herzstück – sie können unterschiedliche Formen haben, zum Beispiel die eines Pfotenabdrucks (paw print), einer Pfeilspitze (arrowhead), eines Kringels (doughnut), eines Halbkringels (half-doughnut). Auch eine Anhäufung dunkler Punkte auf einem helleren Herzstück (clustered) ist möglich. Rosetten sind gegenüber einfachen Flecken zu bevorzugen, sie sind aber nicht erforderlich. Der Kontrast mit der Grundfarbe muss sehr deutlich sein, mit einer klaren Zeichnung und scharfen Abgrenzungen. Starke Kinnstreifen und Streifenzeichnung im Gesicht (Mascara) sind erwünscht. Der Bauch soll möglichst weiß sein. Eine horizontale Schulterzeichnung, getupfte Beine und ein getupfter oder rosettierter Schwanz sind ebenfalls erwünscht. Die Bauchunterseite muss gemustert sein.

Marmoriert: Diese Zeichnung, die sich vom klassischen Tabby-Gen ableitet, soll möglichst wenig Ähnlichkeit mit der Räderzeichnung (Bulls-Eye), den gleichmäßigen Ringen um ein kleines Zentrum, haben. Das Muster soll zufällig sein und den Eindruck einer Marmorierung vermitteln, vorzugsweise mit horizontalem Verlauf (bei einer gestreckten Katze). Vertikale Streifen (Tigerstreifen) sind unerwünscht. Bevorzugt werden Katzen mit drei oder mehr Schattierungen: Grundfarbe, Zeichnung und eine dunklere Umrandung dieser Zeichnung. Der Kontrast zur Grundfarbe muss stark sein, mit deutlicher Zeichnung und scharfen Rändern. Der Bauch muss gemustert sein.

(Siehe auch TICA Uniform Color Description § 74.1.1.2.1.)

Farben:

Brown Tabby: Alle Farbvariationen sind erlaubt. Die Zeichnung kann verschiedene Schattierungen von Braun bis Schwarz haben. Hellere brillenähnliche Ränder um die Augen und eine beinahe weiße Grundfarbe an Schnurrhaarkissen, Kinn, Brustkorb, Bauchunterseite und den Innenseiten der Beine sind wünschenswert.

Seal Sepia Tabby, Seal Mink Tabby und Seal Lynx Point Tabby: Die Zeichnung kann verschiedene Schattierungen von Braun haben. Es sollte wenig bis kein Unterschied zwischen der Farbe der Zeichnung auf dem Körper und der Farbe der Points sein.

Allgemeine Beschreibung:

Ziel des Bengal-Zuchtprogramms ist es, eine domestizierte Katze zu züchten, die die unverwechselbaren physischen Eigenschaften einer kleinen, im Dschungel lebenden Wildkatze hat, jedoch in Kombination mit der Freundlichkeit, der Anhänglichkeit und dem Temperament einer domestizierten Katze. Mit diesem vor Augen sollten die Richter besonders auf jene Merkmale im Erscheinungsbild der Bengalen achten, durch welche sie sich von anderen domestizierten Katzen unterscheiden. Die Bengal ist ein athletisches Tier, das seine Umwelt aufmerksam beobachtet. Sie ist eine freundliche, neugierige, selbstsichere und kraftvolle Katze. Sie ist geschmeidig, ausgewogen und elegant. Die Bengalen sind mittelgroß bis groß, mit einem muskulösen und kräftigen Körper. Ihre breite Nase mit den auffallenden Schnurrhaarkissen und die großen ovalen, beinahe runden Augen sitzen in einem verhältnismäßig kleinen Kopf und unterstreichen so den wilden Ausdruck und jenes Aussehen, das uns an einen nachtaktiven Jäger erinnert. Ihr ganz leicht konkaves bis beinahe gerades Profil und ihre verhältnismäßig kurzen Ohren mit einer breiten Basis und abgerundeten Spitzen unterstreichen ihre Einzigartigkeit. Das kurze und dichte Fell fühlt sich seidenweich an. Es kann Glitter haben oder auch nicht, wobei diese Eigenschaft keinen Einfluss auf die Wertung haben sollte. Der buschige, tief getragene mittellange Schwanz gibt der Katze ihr harmonisches Aussehen.

Zugeständnisse:

Weibchen dürfen im Verhältnis etwas kleiner sein. Bei den Kitten darf das Fell etwas länger sein. Erwachsene Kater dürfen Katerbacken haben. Die Augen dürfen leicht mandelförmig sein. Eine mausfarbene Unterwolle sollte nicht als Fehler bewertet werden. Die Pfotenunterseiten müssen nicht mit der Farbbeschreibung übereinstimmen.

Allgemeine Mängel:

Flecken auf dem Körper, die vertikal zusammenlaufen und die auf den getupften Katzen ein Mackerel-Muster bilden. Kreisförmige Ringe um einen Punkt in der Mitte (Räderzeichnung) bei Marbled. Deutlich dunklere Point-Farben (im Vergleich zur Farbe der Zeichnung) bei Lynx Point, Seal Sepia oder Seal Mink. Alle deutlichen Medaillons (Locket) an Nacken, Brustkorb, Bauch oder an irgendeiner anderen Stelle.

Katzen, deren Bauchunterseite nicht gemustert ist, sollten keine Titel bekommen.

Kommentar

Jeder Standard lässt einen gewissen Freiraum für Interpretation zu. Dies besonders, wenn manche Formulierungen fast gewollt schwammig gehalten werden, wie zum Beispiel jene vom Nasenrücken. Was ist ein „leicht konkaves, nahezu gerades Profil"? Die für den Standard zuständige Kommission hat in diesem Fall einen mehrheitsfähigen Kompromiss gesucht, der es allen ein wenig recht machen will. Es ist aber eine Tatsache, dass man zumindest in der TICA zu den beinahe geraden Profilen tendiert.

Laut Standard soll die Zeichnung kontrastreich sein und horizontal oder zufällig verlaufen. Vertikale Streifen sind unerwünscht. Rosetten sind zwar gegenüber einfachen Tupfen

Seine Zeichnung gab immer wieder Anlass zu Diskussionen: IW SGC Exoticrose Poppy Seed of Spice war 2002/2003 bester Bengal in der TICA. (Foto: Ehret)

zu bevorzugen, jedoch gibt es im Standard dafür keine Punkte. Vor allem aber wird die Größe der Rosetten mit keinem Wort erwähnt. Das ist umso bemerkenswerter, weil gerade die Größe der Rosetten sehr oft ein Kaufargument ist. 2002/2003 wurde IW SGC Exoticrose Poppy Seed of Spice bester Bengal in der TICA. Poppy hatte keine Rosetten, dafür tausend kleine Punkte. Ein für damalige Verhältnisse sehr schöner Kopf und ein kräftiger Körper gehörten zweifellos zu seinen Stärken. Allerdings gab seine Zeichnung immer wieder Anlass zu heftigen Diskussionen. Genau genommen entsprach seine Zeichnung mehr dem Standard als jene vieler seiner Konkurrenten, die zwar beeindruckende Rosetten, aber auch vertikale Streifen hatten.

Der Fokus einer Vielzahl der Züchter lag im letzten Jahrzehnt eindeutig auf der Zeichnung. So kommt es, dass viele Tiere heute größere und schönere Rosetten haben als ihr wildes Vorbild, und doch sind solche selten ganz vorn mit dabei. Denn beinahe zwei Drittel der Punkte gehen an Körper und Kopf, sprich an den Typ. Viele TICA-Richter halten sich an den Satz: „First build the barn and then paint it." – Baue zuerst die Scheune und bemale sie danach.

Der FIFe-Standard ist fast wortwörtlich identisch mit dem der TICA, unterscheidet sich aber in einigen nicht unwesentlichen Details. Der WCF-Standard ist hingegen deutlich kürzer gefasst und beschreibt Einzelheiten weniger genau.

In der FIFe wird zum Beispiel das Fell etwas stärker gewichtet. Katzen mit Glitter werden hier bevorzugt. Dies ist umso erstaunlicher, als dass der FIFe-Standard als einziger sich ausdrücklich auf die Asiatische Leopardenkatze bezieht. Auch in der WCF soll das Fell glänzend und seidig sein. Anders im

Die Punktvergabe unterscheidet sich in den drei Verbänden leicht:

	TICA	FIFe	WCF
Kopf	35 (inkl. Augen)	20	20
Augen		10	10
Körper	30	25	30
Fell (Textur, Farbe, Zeichnung und Kontrast)	35	40	35
Kondition	–	5	5
Total	100	100	100

SGC Leopardcats Wasabi wurde in der Saison 2010/2011 drittbeste erwachsene Bengalkatze der TICA Region Europa Nord. (Foto: Rudolph)

TICA-Standard: Hier können Bengalen Glitter haben oder auch nicht, ohne dass eine der beiden Varianten bevorzugt wird.

In Bezug auf das Profil verlangt der FIFe-Standard einen sehr leicht konkaven Bogen der Nase. Der TICA-Standard verlangt hingegen „leicht konkav bis beinahe gerade". In der WCF hingegen soll das Profil leicht gewölbt sein. Zudem ist es erstaunlich, dass laut WCF-Standard der Kopf massiv sein soll. In der TICA und in der FIFe wird der Kopf als klein im Verhältnis zum Körper beschrieben, und das ist, wenn man sich das Wildtier vor Augen führt, bestimmt auch richtig.

Man könnte nun glauben, diese Unterschiede seien eine reine Haarspalterei. In Wirklichkeit hat jedoch eine Katze, die in der FIFe Erfolge feiert, in der TICA kaum eine Chance und umgekehrt. Diese unterschiedliche Interpretation der Rassestandards ist sehr bedauernswert und verhindert einen Austausch über die Grenzen der Verbände hinweg.

Optische Besonderheiten: die Pluspunkte der Rasse

Rosetten

Rosetten sind ein Teilkreis von Tupfen/einer Umrandung um einen andersfarbigen Mittelpunkt. Eine rosetted Bengal hat also mindestens drei Farben: die helle Hintergrundfarbe, den rötlichbraunen Mittelpunkt und dessen dunkle Umrandung.

Eine wunderschöne Rosettenzeichnung ist atemberaubend. (Foto: Flick)

Dies ist sicher eines der prägnantesten und einzigartigsten Merkmale der Bengalkatze und unterscheidet sie somit von allen anderen Rassekatzen.

Viele Liebhaber sind fasziniert von dieser Zeichnung und wollen unbedingt eine Katze mit möglichst großen Rosetten kaufen. Dies ist sicher mit ein Grund, warum in den letzten Jahren an keinem anderen Merkmal derart gearbeitet und solch große Fortschritte gemacht wurden. Wer nun jedoch konsequent auf Rosetten selektiert, vernachlässigt notgedrungen andere wichtige Punkte.

Waren vor etwa 15 Jahren Katzen mit einzelnen Rosetten eine Sensation, sind Rosetten heute allgegenwärtig und haben viele verschiedene Formen und Farbnuancen.

Je nach Form nennt man Rosetten: arrowhead (Pfeilspitze), doughnut (Kringel), halfdoughnut (Halbkringel), paw-print (Pfotenabdruck) oder clustered (Kreis mit Tupfen drin). Diese unterschiedlichen Rosettenarten gibt es in sämtlichen Größen, wobei sie tendenziell Jahr für Jahr größer werden.

Die Zeichnung gewisser Bengalen erinnert bereits an die riesigen Rosetten der Nebelparder. Diese Modeerscheinung kann sogar dazu führen, dass die Unterschiede zwischen spotted/rosetted zu marbled so gering werden, dass es kaum noch möglich ist, die beiden Zeichnungen klar und eindeutig voneinander zu trennen. Für solche Fälle haben gewiefte Züchter das Wort „sparbled" erfunden.

RW Leopardcats Sushi of Spice, eine Katze mit schönen Rosetten und Glitter. (Foto: Rudolph)

Abschließend sei noch anzumerken, dass viele Bengalen mittlerweile bedeutend größere und schönere Rosetten haben als die meisten ALCs. Ist man hier wohl schon über das eigentliche Zuchtziel hinausgeschossen?

Die ALCs haben eine deutlich horizontale Ausrichtung der Zeichnung, wie sie vom Standard verlangt wird, die wir aber bei Bengalen in dieser Form kaum antreffen. Auch der Kontrast einer ALC sucht in der Bengalwelt seinesgleichen. Wir denken, dass man diesen Eigenschaften in Zukunft vermehrt Aufmerksamkeit schenken sollte, um den wilden Ausdruck zu bewahren.

Glitter und Seidenfell
Einige Bengalen erwecken besonders im direkten Sonnenlicht oder unter einer hellen Lichtquelle den Eindruck, als wären sie mit Gold bestäubt. Dieses faszinierende Phänomen bezeichnet man meistens mit dem englischen Begriff Glitter, manchmal auch Glitzer genannt.

Glitter entsteht durch Luftbläschen zwischen den Pigmenten im Haar, die das Licht reflektieren. Verantwortlich ist ein einfaches rezessives Gen, das nicht von der ALC stammt, sondern von Millwood Tory of Delhi, einem indischen Kater mit goldenem Fell und goldenen Augen. Jean Mill verpaarte ihn in den ersten Jahren mit praktisch all ihren F1-Katzen. So kommt es, dass er in den Stammbäumen beinahe aller Bengalen vorkommt. Glitter ist daher eine typische Eigenschaft der Rasse, obwohl er nicht aus dem Wildtier vererbt wurde.

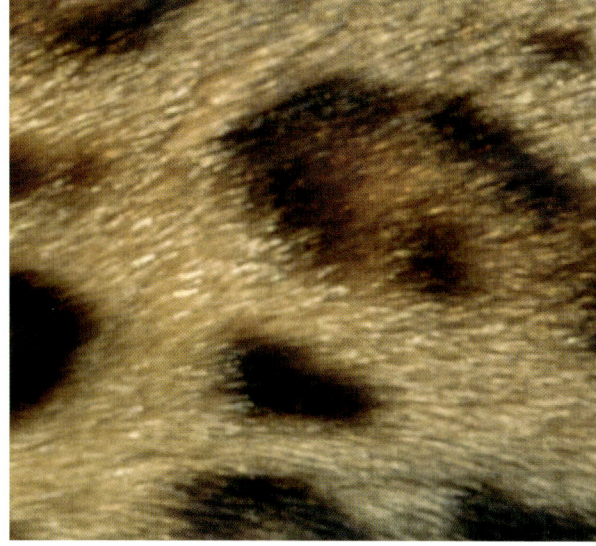

Für die TICA ist es unwesentlich, ob eine Bengalkatze Glitter hat oder nicht, in der FIFe hingegen werden Bengalen mit Glitter bevorzugt. Oft sind Katzen mit einem sehr schönen Fell und Glitter weniger typvoll. Katzen ohne Glitter haben hingegen häufig einen wilderen Ausdruck.

Einhergehend mit dem Glitter ist meist das sogenannte Seidenfell. Man sagt, dass man mit verbundenen Augen eine Bengal an der wunderbar weichen Fellstruktur erkennen kann. Die Luftbläschen zwischen den Pigmenten geben jedem einzelnen Haar eine Geschmeidigkeit, die ihresgleichen sucht.

Glitter kommt ausschließlich bei den Bengalen und den verwandten Toygern vor. (Foto: Rudolph)

Weißer Bauch

Beinahe alle Wildkatzen haben einen sehr hellen, fast weißen Bauch, und auch das Kinn, die Brust und die Innenseite der Beine haben diese spektakuläre Farbe. Dunkle Punkte zieren die hellen Stellen. Die für den weißen Bauch verantwortlichen Gene stammen von der ALC und kommen im Genpool domestizierter Katzen nicht vor, denn ein dominantes Gen für Weißfärbung, das wir von den weißen Hauskatzen her kennen, würde alle anderen Farben überdecken.

Die Weißfärbung des Bauchs geht in vielen frühen F-Katzen bereits verloren. Es ist bestimmt die größte Herausforderung für die nächsten Jahre, diese Eigenschaft in der Rasse einzuführen und zu festigen. Einige Zwinger haben sich dieser enorm schwierigen Aufgabe verschrieben. Allerdings besteht die Gefahr, dass sie dadurch andere wichtige Eigenschaften der Rasse aus den Augen verlieren.

Viele Kitten haben einen sehr hellen Bauch, aber nur wenige behalten ihn bis ins Erwachsenenalter. Rötliche Bengalen mit weniger Kontrast behalten häufiger als andere Farbvarianten den weißen Bauch. Erst seit einigen

Ein weißer Bauch wie bei Leopardcats Hot N Spicy ist etwas ganz Besonderes. (Foto: Faymonville)

Diese kleinen „Gepardenstruwwelpeter" zeigen ein sehr ausgeprägtes Fuzzy-Fell. (Foto: Haase)

Jahren findet man vereinzelt Katzen mit dunklen Rosetten und einem hellen Bauch, der sich deutlich von der Grundfarbe abhebt.

Fuzzy-Phase

Bengalkitten werden meistens mit einer sich scharf abgrenzenden Zeichnung geboren. Zwischen der vierten und achten Woche kommen die Kätzchen oft in die sogenannte Fuzzy-Phase (fuzzy kommt aus dem Englischen und bedeutet „undeutlich", „unscharf", „verschwommen"). In dieser Zeit wird das Haarkleid der jungen Bengalen länger und struppiger und ist nicht mehr so schön, glatt und glänzend. Der Kontrast zwischen Grundfarbe und Zeichnung verblasst für eine gewisse Zeit. Die Kleinen nehmen eine natürliche Art der Tarnung an.

Die Fuzzy-Phase haben unsere heutigen Bengalen von ihren wilden Vorfahren geerbt. In der Natur schützt die vorübergehende Tarnung den Nachwuchs, wenn dieser besonders gefährdet ist: dann nämlich, wenn die Kleinen beginnen, das Nest zu verlassen und mit noch unsicheren Schritten die nähere Umgebung erkunden. Gerade dann können sie zur leichten Beute für potenzielle Feinde werden. Auch bei anderen Wildkatzen, wie beispielsweise den Geparden, durchläuft der Nachwuchs eine schützende Fuzzy-Phase.

Die Fuzzy-Phase beginnt bei unseren Bengalen meist mit vier bis fünf Wochen. Circa ab der 16. Woche ist der ganze Spuk vorbei. Dummerweise kommen die meisten Interessenten genau in dieser Zeitspanne zu den Züchtern und wollen die Kleinen nun

IW SGC Bridlewood A License To Thrill hat seine intensive schwarze Zeichnung großzügig an seinen Nachwuchs vererbt. (Foto: Flick)

kennenlernen. Für die Käufer ist es nicht immer leicht, sich vorzustellen, wie aus den „hässlichen Entlein" mal schöne stolze Schwäne werden, auch wenn ihnen der Züchter diese eigenartige Metamorphose voraussagt. Die Dauer und Ausprägung der Fuzzy-Phase kann sich von Zuchtlinie zu Zuchtlinie deutlich unterscheiden. Auch innerhalb eines Wurfs sind oft nicht alle Katzenkinder gleich stark betroffen.

Frosted Kitten

Es kommt vor, dass einzelne Kätzchen in einem Wurf bei der Geburt komplett von längeren weißen Haaren bedeckt sind. Einzig am Kopf, am Schwanz und allenfalls an den Beinen schimmert die eigentliche braune Farbe etwas durch. In solchen Fällen spricht man von „frosted kitten". Aus dem Englischen übersetzt bedeutet „frosted" „gefroren" oder „mit Raureif überzogen". Oft wird auch von „Fieberfell" oder „Puderkitten" gesprochen. Zu Beginn sind diese Winzlinge nicht gerade die attraktivsten. Allerdings ist dieses spezielle Fell nur eine vorübergehende Erscheinung. Nach einigen Wochen bekommen die Kätzchen ihr normales Fell, und nichts lässt mehr erahnen, dass sie zu Beginn ganz anders aussahen. Die Ursache dieses Phänomens ist noch nicht eindeutig geklärt. Theorien reichen von ernährungsbedingten Mangelerscheinungen der Mutterkatze bis zu Krankheit (daher der Name „Fieberfell") oder Medikamentengabe während der Trächtigkeit. Auch genetische Faktoren können nicht ganz ausgeschlossen werden.

(Fl-Kater, Foto: Smith)

Vererbung von
Farben und Zeichnungen

Genetik ist eine umfangreiche und komplexe Wissenschaft, die faszinierend und interessant sein kann. Wir versuchen, in einer einfachen Sprache jene Phänomene der Vererbungslehre zu präsentieren, die für die Bengalen von Bedeutung sind.

Wie Vererbung funktioniert

Für denjenigen, der sich ernsthaft mit dem Züchten von Rassekatzen beschäftigen will, ist es sehr wichtig, sich die Grundlagen der Genetik anzueignen, um zu verstehen, wie die Vererbung funktioniert. Nur dann kann man sich Zuchtziele setzen und diese auch planmäßig verfolgen. Wir wissen, dass Genetik nicht wie ein Mixer funktioniert, der aus schwarzer und weißer Farbe Grau macht.

Die Gene sind die Grundelemente, auf denen die Vererbung aufbaut. Sie sind für jedes Merkmal einer Katze verantwortlich: für die Augenfarbe, den Knochenbau, die Fellstruktur, aber auch für viele Krankheiten und sogar für einen Teil des Charakters. Gene treten immer als (Gen-)Paar auf: Ein Gen stammt von dem Muttertier, das andere vom Vater. Paart sich beispielsweise in der freien Natur ein Langhaarkater mit einer reinerbigen kurzhaarigen Katzendame, so erhalten alle Katzenkinder je ein Gen für Langhaar vom Vater und ein Gen für Kurzhaar von der Mutter. Die Kleinen werden aber nicht mittellanges Haar haben. Im Gegenteil, sie werden alle kurzes Haar haben. Daraus erkennen wir, dass das Gen für Kurzhaar dominant über das Gen für Langhaar ist. Man nennt ein Gen dominant, wenn man seine Auswirkung im Aussehen der Katze (Phänotyp) erkennen kann. Obwohl wir wissen, dass unsere Beispielkitten alle auch ein (rezessives) Gen für Langhaar tragen müssen (jenes vom Vater), kommt nur das dominante Gen für Kurzhaar zum Zug und bestimmt das Aussehen des Nachwuchses.

Die genetische Symbolsprache wurde in den 1970er-Jahren von den Genetikern Roy Robinson, Patricia Turner und Don H. Shaw entwickelt. Dominante Gene werden mit Großbuchstaben bezeichnet, rezessive Gene kennzeichnet man hingegen mit Kleinbuchstaben. Für das Gen, das die Länge der Haare bestimmt, verwendet man den Buchstaben L. In unserem Beispiel würde man also schreiben:

Vater:	ll	reinerbig (homozygot) Langhaar	Phänotyp: Langhaar
Mutter:	LL	reinerbig (homozygot) Kurzhaar	Phänotyp: Kurzhaar
Kitten:	Ll	mischerbig (heterozygot)	Phänotyp: Kurzhaar

Tragen zwei braune Bengalen sowohl das Gen für Snow als auch für Langhaar, kann auch eine solche Cashmere in Seal Lynx entstehen. (Foto: Flick)

Die Kitten haben also den gleichen Phänotyp (sehen gleich aus) wie ihre Mutter, obwohl sie nicht den gleichen Genotyp haben (Mutter: LL, Kitten: Ll). Als Genotyp bezeichnet man die Summe der genetischen Information, die eine Katze trägt und an ihre Nachkommen vererben kann.

Wenn sich später eines der Kitten unseres Wurfes (Genotyp Ll) ebenfalls mit einem Langhaarkater (Genotyp ll) paart, können sowohl mischerbige Kitten (Genotyp Ll, Phänotyp Kurzhaar) wie auch reinerbige langhaarige Kitten (Genotyp ll, Phänotyp Langhaar) zur Welt kommen.

Bengalen sind bekanntlich eine Kurzhaarrasse. Wenn wir uns also eine Bengal anschauen, so kennen wir ihren Phänotyp (Kurzhaar). Beim Genotyp haben wir nicht dieselbe Gewissheit. Wir wissen einzig, dass sie ein dominantes Kurzhaar-Gen (L) trägt. Über das zweite Gen können wir hingegen keine schlüssige Aussage machen. In solchen Fällen, also wenn man nicht weiß, ob ein Tier rein- oder mischerbig für Langhaar ist, schreibt man L-. In Bezug auf die Haarlänge sind bei den Bengalen demnach folgende Kombinationen möglich:

LL = reinerbig dominant Phänotyp:
Kurzhaar – kann nur Kurzhaar vererben

ll = reinerbig rezessiv Phänotyp:
Langhaar (weder in der TICA noch in der FIFe anerkannt – in freien Vereinen werden sie oft Cashmere genannt und konkurrieren unter den Halblanghaar-Rassen)

Ll = mischerbig Phänotyp:
Kurzhaar – kann Kurz- und Langhaar vererben

L- = rein- oder mischerbig Phänotyp:
Kurzhaar – unklar, ob Langhaar vererbt werden kann

Wenn zwei getupfte Eltern rezessiv das Gen für marmorierte Fellzeichnung tragen, kann wie in diesem Fall der Nachwuchs selbst Marbled sein. (Foto: Flick)

Folgende Gene sind von Bedeutung, wenn es um die Vererbung von Fellfarbe und -musterung bei Bengalen geht:

- Agouti-Gen A
- Schwarz-Gen B
- Tabby-Gen T
- Silber-Gen I
- Gen für Vollpigmentierung C
- Gen für dichte Pigmentierung D
- Gen für Scheckung S
- Wideband-Gen Wb

Agouti-Gen A

In der Erbanlage jeder Katze ist immer eine Fellzeichnung festgelegt. Das Agouti-Gen ist dafür verantwortlich, ob diese Zeichnung sichtbar wird oder nicht. Katzen besitzen zwei Pigmentsysteme: eines für die gelblichgraue Grundfarbe (Agouti) und eines für Schwarz. Das Agouti-Gen sorgt dafür, dass die gelben Pigmente überhaupt ausgeschüttet werden. So

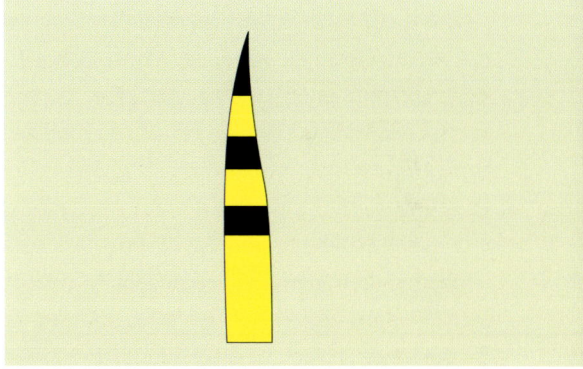

Gebändertes Agouti-Haar.

Voll pigmentiertes Haar (Non-Agouti).

entsteht die für alle Brown Tabbies typische gelb-schwarze Bänderung jedes einzelnen Haares.

Das rezessive Non-Agouti-Gen bewirkt, dass die Haare nicht gebändert, sondern einfarbig durchgefärbt sind. Eine Katze mit dem Genotyp aa ist demnach einfarbig. Nur bei Jungtieren scheint das Tabbymuster noch als sogenannte Geisterzeichnung durch.

Alle anerkannten Bengalen haben eine Zeichnung und müssen daher den Genotyp A- besitzen. Es kann aber vorkommen, dass in einem Wurf ein schwarzes Kitten mit Geisterzeichnung geboren wird. Dieses melanistische Kätzchen hat dann offensichtlich den Genotyp aa.

Schwarz-Gen B (Black)

Das Gen B ist für die schwarze Farbe verantwortlich. Eine Katze mit dem Genotyp bb hat nicht schwarze, sondern schokoladenfarbene Haare (Chocolate). Es gibt eine weitere Form dieses Gens (bl), die für die Farbe Cinnamon (Zimt) verantwortlich ist. Diese Form ist gegenüber Schwarz und Chocolate rezessiv.

Bei den Bengalen sind die Farben Chocolate und Cinnamon nicht vorgesehen. Alle Bengalen sollten daher zumindest den Genotyp B- besitzen. Aus diesem Grund stand lange Jahre im TICA-Standard, dass die Fußballen der Bengalen schwarz sein sollen. Genau dort erkennt man nämlich am besten, ob eine Katze schwarz, chocolate oder cinnamon ist. Vor einigen Jahren verschwand jedoch diese Vorschrift, da man beobachtet hatte, dass die Asiatischen Leopardenkatzen oft rosafarbene Fußballen haben.

Tabby-Gen T

Tabby bezeichnet die typischen Fellzeichnungen von nicht einfarbigen Katzen. Es werden dabei die Muster getigert (T-), gestromt (tbtb), getupft (Sp-) und getickt (tata) unterschieden.

Die dominante Form T- verursacht die bei Bengalen unerwünschte getigerte Zeichnung (Mackerel). Katzen mit dem Genotyp tbtb werden eine Räderzeichnung haben. In den meisten Katzenrassen nennt man diese Zeichnung „blotched" oder „classic". Bei den Bengalen ist sie hingegen als marmoriert bekannt. Für die getupfte Zeichnung nimmt man an, dass es ein eigenes Gen Sp- gibt, das die Tabbyzeichnung in Tupfen aufbricht und wahrscheinlich mit allen Tabbyarten kombiniert werden kann. Die getupfte Zeichnung ist gegenüber der marmorierten dominant. Wenn man also zwei marmorierte Bengalen miteinander verpaart, so werden auch alle Nachkommen marmoriert sein.

Die letzte Variante der Tabbyzeichnung (tata) spielt für die Bengalen keine Rolle. Wir kennen sie aus den Abessiniern.

Silber-Gen I

Silber ist bei genauer Betrachtung keine zusätzliche Farbe. Es gibt lediglich zwei Pigmente (Melanine), die die Farbe einer Katze bestimmen: das schwärzliche Eumelanin und das gelblich-rötliche Phäomelanin. Das für das Silber verantwortliche dominante Inhibitor-Gen (I-) hemmt die Ausbildung der Pigmente, vor allem des Phäomelanins in jedem einzelnen Haar. Dementsprechend fehlt einer Katze, die das Inhibitor-Gen trägt, die gelblich-rote oder braune Grundfarbe. Die Haare dieser Katze haben demnach eine silbern-weiße Färbung.

Gen für Vollpigmentierung C

Das Gen C- ist verantwortlich dafür, dass das Fell voll durchgefärbt ist, also keine Points

Verpaart man eine silberne Bengal, die Braun trägt, mit einer braunen Bengal, können sowohl silberne als auch braune Kitten fallen. Ist die silberne Katze jedoch reinerbig, sind alle Kitten silber. (Foto: Flick)

(Abzeichen) hat, wie wir sie von den Siamesen kennen. Es ist dominant über alle Formen von Teilalbinos und muss daher nur einmal vorhanden sein, um seine Auswirkung zu zeigen. Die braunen Bengalen besitzen also alle den Genotyp C-. Schneebengalen hingegen sind genetisch gesehen Pointkatzen und haben daher keine Vollpigmentierung.

Die rezessiven Gene für Teilalbinismus bewirken, dass das Enzym Tyrosinase, das für die Bildung des dunklen Pigmentfarbstoffs Melanin verantwortlich ist, bei höheren Temperaturen nicht mehr funktionsfähig ist. Daher färben sich die kälteren Körperteile wie Extremitäten, Schwanz, Ohren und Nase allmählich dunkel, während das Fell nahe dem wärmeren Körperkern heller bleibt.

Schneebengalen sind, wie alle anderen Pointkatzen auch, Tiere mit Albinismus, deren Melaninproduktion nicht vollständig abgeschaltet ist. Züchter bezeichnen diese Genmutationen umgangssprachlich als Colouration-Gene oder auch als Point-Gene. Bei Katzen gibt es zwei unterschiedliche Genmutationen, die einen Teilalbinismus hervorrufen. Die erste Mutation (cscs) stammt von der Siamkatze, die andere (cbcb) von der Burmakatze. Die beiden Mutationen vererben sich zueinander intermediär; sie mischen sich also und sorgen so für eine weitere Variante (cscb), die wir aus den Tonkinesen kennen.

Schneebengalen gibt es somit in drei verschiedenen Farbtönen:

- 🐾 Seal Lynx Point (cscs)
- 🐾 Seal Sepia Tabby (cbcb)
- 🐾 Seal Mink Tabby (cscb)

Gen für dichte Pigmentierung D

Das D-Gen leitet seinen Namen aus dem englischen „dense" ab. Es regelt die Dichte der Pigmentierung. In der dominanten Form (D-) hat das Haar eine sehr dichte Pigmentierung und erscheint daher in der Farbe Schwarz. Das rezessive d-Gen verdünnt diese Färbung wegen der weitaus geringeren Pigmentierung. Die so entstandene Farbe wirkt blasser und heller, beinahe grau. Im Fachjargon nennt man diese Färbung Blau. Wenn in einem Wurf ein blaues Kitten fällt, so beweist dies, dass beide Eltern zumindest Träger des Verdünnungs-Gens sind.

Blau ist weder in der TICA noch in der FIFe eine für Bengalen anerkannte Farbe. Alle Bengalen, die man auf den Ausstellungen dieser Verbände sieht, haben demnach den Genotyp D-.

Gen für Scheckung S

Das Gen S- ist verantwortlich für weiße Flecken im Fell. Es ist dominant über s. Bengalen müssen den Genotyp ss haben, denn weiße Medaillons (Lockets) sind in der Rasse unerwünscht und werden von den Richtern negativ bewertet.

Wideband-Gen Wb

Das dominante oder halb dominante Wideband-Gen Wb verbreitert die hellen Agoutibänder auf den einzelnen Haaren. Dieses Gen ist noch weitgehend unerforscht. Es ist noch nicht lokalisiert und kann daher auch nicht in einem Gentest nachgewiesen werden. Das Wb-Gen tritt im Zusammenhang mit dem Silber bei den Chinchillas auf und ist bei einigen Rassen für die Farbe Gold verantwortlich. Es ist wahrscheinlich, dass dieses Gen auch bei den Bengalen eine Rolle spielt, indem es die gelbe Grundfarbe durch die verbreiterten Agoutibänder klarer und heller erscheinen lässt. Züchter sprechen dann von einer „clear coated" Bengal. Wenn hingegen die Agoutibänder jedes einzelnen Haares kurz sind, bezeichnet man die Katze als „ticked".

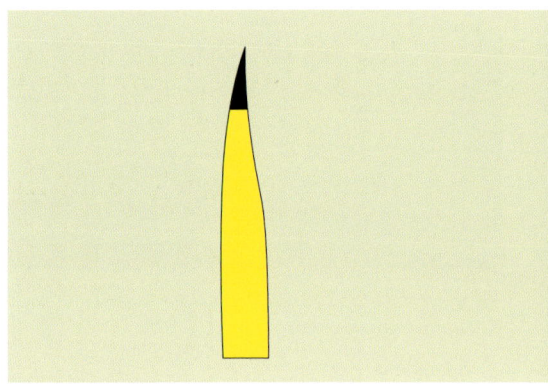

Das Wideband-Gen führt dazu, dass die hellen Agoutibänder auf dem einzelnen Haar verbreitert werden.

Zeichnungen: getupft und marmoriert

Bei Bengalen gibt es zwei Arten von Muster: getupft (spotted) und marmoriert (marbled).

Spotted Tabby – die getupfte Bengal

Der Kontrast der Tupfen zur Grundfarbe sollte so intensiv wie möglich sein. Ein gutes Beispiel hierfür zeigt DGC Leopardcats Xtreme's Masterpiece (siehe Foto auf Seite 30).

Das Muster muss sich klar und scharf abgrenzen. Die Tupfen sollen willkürlich verteilt

Spice Rucola fällt durch ihren herrlichen wilden Ausdruck und die exzellent angeordnete Zeichnung auf. (Foto: Rudolph)

oder horizontal fließend angeordnet sein. Vertikal ausgerichtete Flecken oder gar Tigerstreifen kommen noch immer häufig vor, besonders auf den Rippen hinter den Achseln (Ribbares), und müssen mühsam herausgezüchtet werden. Die Größe der Zeichnung kann sehr unterschiedlich sein und sagt nichts über die Qualität der Katze aus. Im Gegenteil: Je imposanter die Flecken ausfallen, desto ausgeprägter ist die Gefahr, dass sie vertikal angeordnet sind.

Genotypisch sind Katzen mit Rosetten und solche mit einfarbigen Tupfen identisch – in beiden Fällen handelt es sich um ein Spotted Tabby. Aus diesem Grund gibt es viele Katzen, die sowohl Rosetten als auch Tupfen haben. Einige traditionelle Vereine richten die Katzen stur nach dem Phänotyp und lassen Bengalen mit Tupfen und solche mit Rosetten in zwei unterschiedlichen Klassen antreten.

Teilweise werden sogar Stammbäume mit der Bezeichnung Black-rosetted Tabby ausgestellt. Das ist so nicht korrekt und trägt eher zur allgemeinen Verwirrung bei.

Marbled Tabby – die marmorierte Bengal

Der TICA-Standard schreibt für die marbled Bengalen Folgendes vor (Uniformed Color Description 74.1.1.2.1): „Die Markierungen, obwohl sie vom Classic Tabby Gen (auch Blotched genannt) stammen, sollten einzigartig sein und möglichst nicht an eine Räderzeichnung erinnern. Die Musterung sollte willkürlich sein und den Eindruck einer Marmorierung vermitteln."

Das englische Wort „Blotch" bedeutet „Klecks" und beschreibt einen großen Fleck an den Flanken der Katze, der von einem oder mehreren kräftigen Ringen eingekreist ist. Diese typische Räderzeichnung erinnert mit etwas Fantasie an die Form eines Auges – daher kommt die englische Bezeichnung „Bull's Eye".

Wie bei den getupften Bengalen ist auch bei den marmorierten ein horizontaler Fluss der Zeichnung das Ziel. Vertikale Streifen sind unerwünscht. Es sollten Katzen bevorzugt werden, die drei oder mehr Farbnuancen haben, also die Grundfarbe, die Farbe der Zeichnung und eine dunkle Umrandung dieser Zeichnung. Der Kontrast sollte ausgesprochen groß sein, mit klaren Formen und scharf abgegrenzten Rändern.

Auf Ausstellungen trifft man häufiger getupfte Bengalen mit außergewöhnlich schönen Zeichnungen als marmorierte. Dies hat sicher auch damit zu tun, dass der fehlende horizontale Fluss der Zeichnung bei einem marmorierten Tier mehr ins Auge sticht. Die Marbled können uns also helfen, vermehrt auf die Ausrichtung der Zeichnung zu achten: Horizontale Markierungen sind ein Kennzeichen fast aller Wildkatzen und wir Züchter sollten diese Charakteristika bei allen Bengalen mit Hartnäckigkeit anstreben.

Farben: überraschende Vielfalt

Wenn man an eine Bengal denkt, so sieht man meistens vor seinem geistigen Auge eine Brown Spotted Tabby. Diese ist aber bei Weitem nicht die einzige anerkannte Farbe. In diesem Kapitel wollen wir zunächst jene Farben vorstellen, die bei TICA-Ausstellungen um Punkte und Titel konkurrieren. Danach sollen auch einige nicht anerkannte Farben kurz beschrieben werden.

Brown (Black) Tabby

Dies ist bestimmt die klassische und auch die am häufigsten vorkommende Farbe. Genetisch sind die Katzen schwarz, dennoch werden sie in der TICA oft als Brown Tabby bezeichnet.

Die Grundfarbe kann von Beige, Hellgelb, Gelb, Gold, Lohfarben über Gräulich und sämtliche Brauntöne bis hin zu Orange variieren. Auch die Farbe der Zeichnung kann sehr unterschiedlich sein: Schwarz, Dunkelbraun, Hell- oder Rostbraun bis hin zu Orangerötlich. Dieses große Spektrum an Farbnu-

Auch bei marmorierten Bengalen soll die Zeichnung möglichst horizontal verlaufen (links). Unerwünscht ist eine Räderzeichnung (rechts) mit einem runden und fast geschlossenen Kreis, der sich beinahe über den ganzen Körper erstreckt. In der Mitte ist ähnlich einer Pupille deutlich ein großer Fleck zu sehen. (Zeichnungen: Claudia Cereghetti)

Auch das Marbled-Muster ist wunderschön und beliebt. (Foto: Flick)

ancen überrascht immer wieder Züchter anderer Rassen, vor allem wenn man erklärt, dass keine dieser Farbvariationen gegenüber einer anderen bevorzugt wird.

Im Standard steht, dass der Kontrast zwischen der Zeichnung und der Grundfarbe extrem sein sollte. Daraus resultiert die klar erkennbare Tendenz, Katzen zu züchten, die eine sehr helle Grundfarbe und zugleich beinahe schwarze Tupfen haben.

Eine genetische Besonderheit ist der Rufismus. Je rötlicher eine Katze wirkt, desto mehr Rufismus hat sie. Rufismus kennt man besonders von den Abessiniern und ist ein intensiver Rotstich, der die Grundfarbe beeinflusst. Eine gelbe Katze mit viel Rufismus wirkt beinahe Orange. Rufismus gibt es auch bei silbrigen Katzen als ganz und gar nicht erwünschtes sogenanntes Tarnish (Trübung der hellen Grundfarbe). Wenn eine Brown

Tabby Bengal viel Rufismus hat, sprechen die Züchter von einer „warmen" Grundfarbe. Fehlt der Rufismus hingegen gänzlich, wird die Grundfarbe nun als eher „kalt" bezeichnet. Bis zur Jahrtausendwende wurden Katzen mit einer warmen Grundfarbe klar bevorzugt. Dann tauchte IW RW SGC Hunterdonhall Tarzan auf und mit ihm setzte, zumindest in der TICA, eine Kehrtwende ein. Sein Fell war getickt und hatte eine fast graue Grundfarbe. Und plötzlich erinnerten sich einige Richter und Züchter, dass die allermeisten Asiatischen Leopardenkatzen eine sehr kühle Grundfarbe und kaum Rufismus haben.

Auf Ausstellungen der traditionellen europäischen Verbände sieht man noch immer fast ausschließlich Katzen mit warmen Grundfarben und sie gewinnen dort auch regelmäßig gegen Katzen, die weniger Rufismus haben.

Brown beziehungsweise Black Tabbies in diversen Variationen: Durch die unterschiedlichen Farbnuancen entsteht eine große Vielfalt. (Foto: Haase)

In der TICA hingegen sieht man wieder vermehrt Katzen mit kalten Grundfarben. Diese haben für die Züchter auch den Vorteil, dass sie sich mit silbrigen Bengalen kreuzen lassen, ohne dabei Kitten mit allzu viel Tarnish zu produzieren. Mittlerweile führen zahlreiche Zuchten auch ein Silberprogramm. Es

ist daher zu erwarten, dass in Zukunft Brown Tabby Bengalen mit geringem Rufismus eher noch an Verbreitung gewinnen werden.

Bis zum Alter von einem oder zwei Jahren verändern sich manchmal die Farben leicht und der Kontrast nimmt ab. Dies kann passieren, weil die Grundfarbe dunkler wird oder weil die Zeichnung an Intensität verliert. Dieses Phänomen nennt man im Englischen „Fading". Einige Linien tendieren mehr dazu, andere wiederum gar nicht. Im Allgemeinen kann man aber sagen, dass Katzen mit viel Rufismus eher dazu neigen, im Alter ihren Kontrast etwas einzubüßen.

Die Augenfarbe einer Brown Tabby Bengal kann von Grün über Braun bis hin zu Bernsteinfarben oder Gold variieren. Der Standard besagt lediglich, dass die Farbe intensiv sein soll. Viele Richter und Liebhaber preisen die wunderschönen tiefgrünen Augen einiger Katzen besonders. Züchter bevorzugen

IW SGC Spice Red Hot Chilli Pepper – bestes Bengalkitten der TICA (Saison 2010/2011) weltweit. (Foto: Flick)

hingegen meistens braune oder bernsteinfarbene Augen, denn die Asiatischen Leopardenkatzen haben eben diese unauffälligere und für die Tarnung besser geeignete Färbung.

Charcoal und Amber sind spezielle Farbvarianten der Brown (Black) Tabby Bengalen. Bei den Ausstellungen konkurrieren sie allerdings mit allen anderen braunen Bengalen. Sie bilden derzeit noch keine eigene anerkannte Farbe.

Black Silver Tabby

Die Grundfarbe der silbrigen Bengalen variiert aufgrund des dominanten Inhibitor-Gens I- von Weiß, Weiß-Silbrig, Silber, Grau bis Dunkelgrau in verschiedenen Nuancen. Die Zeichnung hingegen bleibt von dem Inhibitor-Gen unberührt. Wie bei allen anderen Farbvarianten sollte auch bei den Silberbengalen der Kontrast zwischen Zeichnung und Grundfarbe überraschen. Im Gegensatz zu den Schneebengalen ist dies bei den Silberbengalen möglich. Die beinahe weiße Grundfarbe kann mit einer schwarzen Zeichnung kombiniert werden. Seit ihrer Anerkennung im Jahr 2004 sind die silbrigen Bengalen eine starke Konkurrenz für alle Varianten von Schneebengalen.

Wir haben bereits gesehen, dass sich das Silber-Gen dominant vererbt. In einem Wurf kann nur ein Silberkitten fallen, wenn mindestens eines der beiden Elterntiere silbern ist. Wie aber kam das Silber-Gen in den Genpool der Bengalen? In den 1990er-Jahren wurden gezielt American Shorthair Katzen in der Farbe Silber Tabby mit Bengalen verpaart. Waren die American Shorthair homozygot silbern, so entstanden aus diesem unerlaubten Outcross ausschließlich heterozygote silbrige Kitten. Die so entstandene erste Filialgeneration

Eine besondere Erscheinung ist die Farbvariante Charcoal. (Foto: Flick)

Die seltene Farbvariante Amber zeichnet sich insbesondere durch eine sehr helle Grundfarbe aus, die auch im Alter nicht nachdunkelt. (Foto: Haase)

kann in der TICA als Silberbengal mit dem Kürzel AON registriert werden. Verpaart man nun diese Katzen wiederum mit einer braunen Bengal, erhält man statistisch gesehen 50 Prozent heterozygote silbrige Bengalkitten. Diese zweite Filialgeneration wird mit der Abkürzung BON registriert. Ab der vierten Generation tragen die so entstandenen silbrigen Bengalen vor ihrer Registriernummer das Kürzel SBT und werden somit als vollwertige Bengalen anerkannt. Eine Silberlinie entsteht also nach den gleichen Prinzipien wie eine neue ALC-Linie: Vier Generationen nach dem Outcross gelten die Kätzchen wieder als reinrassige Bengalen.

Wer eine American Shorthair genauer betrachtet, weiß, dass diese Katze ganz und gar nicht dem Bengalstandard entspricht. So ist zum Beispiel der massive Kopf ziemlich rund und das Profil hat einen ausgeprägten Stopp – Eigenschaften, die bei den Bengalen nicht angesagt sind. Der wilde Ausdruck ging durch das Einkreuzen der American Shorthair verloren. Es ist nach wie vor schwierig, eine sehr typvolle Silberbengal zu finden. Die Fellqualität hingegen konnte durch diesen Outcross eher verbessert werden. Seit Jahrzehnten achteten die Züchter von American Shorthairs darauf, silbrige Katzen mit einer ganz hellen Grundfarbe, atemberaubendem Kontrast und einer Zeichnung mit messerscharfen Konturen zu erhalten. Diese langwierige Arbeit kommt nun auch jenen Bengallinien zugute, die mit Silber arbeiten. Auffallend viele braune Bengalen mit besonders klarem Fell und toller Musterung haben silbrige Vorfahren.

Leider begegnet man häufig Silberbengalen mit einem deutlich erkennbaren Braunschleier. Dieser wird durch Rufismus ausgelöst, heißt in der Fachsprache Tarnish und ist laut Standard unerwünscht. Das Tarnish reicht von einem leicht orangefarbenen Schimmer an Nase, Gesicht und Füßen und gipfelt in Katzen, die beinahe bräunlich erscheinen und deren Zeichnung völlig verschwommen wirkt. Als Züchter von Silberbengalen sollte man deshalb möglichst wenig Rufismus in seinen Linien haben.

In den ersten Jahren nach der Anerkennung als neue Farbe erzielten geschäftstüchtige Züchter mit silberfarbigen Kitten deutlich höhere Preise. Das wurde mit der angeblichen Seltenheit dieser Farbe gerechtfertigt und führte zu einem kurzfristigen Boom der Silberbengalen. Heute hat sich der Markt wieder eingependelt und die Preise sind in etwa auf dem Niveau der braunen Bengalen.

Snow-Variationen

In den ersten Jahren der Bengalzucht wurden allerhand verschiedene Katzenrassen in die noch junge Rasse eingekreuzt, um gewisse Merkmale zu erreichen oder zu festigen. Die ebenfalls getupften Ocicats wurden zum Beispiel mit den ersten Bengalen verpaart, um einen kräftigeren Körperbau und zugleich neue Blutlinien zu gewinnen. Da die Ocicats unter

Bei dieser Black Silver Tabby sind die Farbe und der Kontrast prima gelungen. (Foto: Flick)

Ein hervorragendes Exemplar in Seal Lynx Point Marbled. (Foto: Flick)

anderem auch Siamesen zu ihren Vorfahren zählen, mag es kaum verwundern, dass durch sie auch die rezessiven Gene für Teilalbinismus plötzlich bei den Bengalen auftauchten.

Wir haben bereits gesehen, dass es Schneebengalen in drei verschiedenen Farbtönen gibt:

* Seal Lynx Point (cscs)
* Seal Sepia Tabby (cbcb)
* Seal Mink Tabby (cscb)

Die Seal Lynx Point Bengalen haben eine elfenbein- bis cremefarbene Grundfarbe und ihre Zeichnung kann verschiedene Braun- oder Grautöne aufweisen. Sie sind etwas heller an den Schnurrhaarkissen, am Kinn und um die Augen. Der Farbunterschied zwischen Körper und Points sollte gering sein. Ein möglichst starker Kontrast der Zeichnung und eine möglichst intensive Augenfarbe sind

sehr erwünscht, aber nicht einfach zu erreichen. Die Augen müssen zwingend blau sein.

Bei der Geburt sind die Kitten meist völlig weiß. Erst mit der Entwicklung wird die Zeichnung langsam sichtbar. Oft zeigen Seal Lynx Point Kitten im Alter von etwa einer Woche eine sogenannte Geisterzeichnung. Die völlige Farbentwicklung erreichen sie erst mit etwa eineinhalb Jahren.

Die Seal Sepia Tabby ist die dunkelste Variante der Schneebengalen. Die Grundfarbe ist Creme oder Hellbraun und die Musterung muss deutlich erkennbar sein. Sie kann verschiedene Nuancen von Braun bis Tiefdunkelbraun annehmen. Meist ist die Zeichnung deutlich schokobraun. Die Augenfarbe ist meist Gold, kann aber auch gegen Gold-Grün oder Braun tendieren. Auch bei der Seal Sepia Tabby soll die Augenfarbe sehr intensiv sein.

Im Gegensatz zu den Seal Lynx Point Ben-

Ein ausgezeichnetes Beispiel für die wunderschöne und seltene Snowfärbung Seal Sepia Tabby. (Foto: Smith)

galen kann man bei den Seal Sepia Tabbies bereits bei der Geburt die Zeichnung erkennen.

Die Seal Mink Tabby ist eine Kombination aus Seal Lynx Point und Seal Sepia Tabby. Sie trägt sowohl das Siam-Gen (cs) als auch das Burma-Gen (cb). Die Grundfarbe ist Elfenbein bis Cremefarben und die Farbe der Zeichnung kann verschiedene Braun- oder Grautöne aufweisen. In den Farben sind sie den Seal Lynx Point Bengalen ähnlich, vom Standard wird aber eine deutlich dunklere Zeichnung verlangt. Oft dunkelt die Grundfarbe mit dem Alter etwas nach. Eine Seal Mink Tabby erkennt man aber hauptsächlich an der sehr speziellen Augenfarbe: jenes typische Türkisblau der Tonkinesen, das man unter Katzenfreunden Aquamarin nennt. Auch bei einer Seal Mink Tabby sollte die Augen-

farbe möglichst intensiv sein.

Jede dieser Snow-Variationen ist auch in Kombination mit Silber möglich. Diese Farben werden in der TICA anerkannt:

- Seal Silver Lynx Point
- Seal Silver Sepia Tabby
- Seal Silver Mink Tabby

Die silbrigen Schneebengalen haben im Allgemeinen eine etwas hellere Grundfarbe als jene, die das Inhibitor-Gen (I) nicht haben. Dies kann man, wenn überhaupt, am besten an den Points erkennen. Es ist aber oftmals sehr schwierig, rein vom Phänotyp her zu bestimmen, ob eine Schneebengal silbrig ist oder nicht. Meistens hilft ein Blick auf den Stammbaum: Weil das Inhibitor-Gen (I) dominant vererbt wird, muss jede silbrige

Ein sehr schöner Kater in Seal Mink. (Foto: Flick)

Katze zwingend einen silbrigen Elternteil haben.

Nicht anerkannte Farben

Blue: Einige freie Verbände akzeptieren blaue Bengalen und selbst in der TICA registrieren gewisse Züchter solche Tiere mit dem Vermerk, dass sie eine nicht anerkannte Farbe haben. Allerdings basiert die Anerkennung bei der TICA auf genotypischen Kriterien. Wenn man also für die Rasse das rezessive Verdünnungs-Gen zulässt, so müsste man gleich auch alle anderen Varianten der Verdünnung anerkennen: Lilac, Fawn und Creme, jeweils natürlich getupft und marmoriert, mit und ohne Silber. Diese neue Regelung würde auch für Schneebengalen gelten. So gäbe es dann zum Beispiel die Farben Blue Lynx Point oder Silver Blue Mink Tabby … Es lässt sich darüber streiten, ob das wirklich im Sinn der Rasse ist, zumal all diese Farben bei der Asiatischen Leopardenkatze nicht vorkommen.

Melanistic: Melanistische Bengalen sind einfarbig schwarz (genetisch homozygot Non-Agouti) und erinnern uns an die schwarzen Panther. Alle Bengalen mit einer deutlich sichtbaren Zeichnung haben mindestens ein Agouti-Gen. Sie sind also AA oder Aa. Verpaart man zwei Träger des Non-Agouti-Gens, so kann es vorkommen, dass ein Kitten homozygot Non-Agouti ist (aa). Auch bei den Asiatischen Leopardenkatzen sind einige wenige Fälle von ganz schwarzen Tieren bekannt. Melanistische Bengalen können in der TICA dennoch nicht in der Championship-Klasse ausgestellt werden.

Black Smoke: Im Fachjargon nennt man die Farbe einer silbrigen Katze ohne Agouti Smoke. Eine Black Smoke Bengal ist dem-

Die Silver Seal Lynx Point Spotted ist eine ganz besondere Kombination und noch selten. (Foto: Flick)

nach die melanistische Form einer Black Silver Tabby. Wie die melanistischen Bengalen erscheinen sie uns einfarbig schwarz, allenfalls kann man eine leichte Geisterzeichnung erkennen. Teilt man jedoch das Fell und betrachtet den Haaransatz, so erkennt man unter dem schwarzen Smokemantel das helle, beinahe weiße Unterfell.

(Foto: Flick)

So bleiben Bengalen
fit und gesund

Im Allgemeinen ist die Bengal eine sehr robuste Rassekatze, nicht zuletzt auch durch ihre immer noch nahe Verwandtschaft zu den ALCs. Bei guter Fütterung, Haltung und Pflege werden Bengalen selten krank und sehen den Tierarzt meist nur zur Prophylaxe und zum jährlichen Impftermin. Dennoch gibt es einige sehr wichtige Krankheiten, auf die Sie als Liebhaber und Züchter dringend achten sollten.

Hypertrophe Kardiomyopathie (HCM)

Die hypertrophe Kardiomyopathie ist eine genetische Erkrankung des Herzens, die Katzen und Hunde, aber auch Menschen treffen kann. Leider tritt in einigen Bengalzuchtlinien diese tödlich verlaufende Krankheit vermehrt auf.

Bei der HCM kommt es zu einer Verdickung des Herzmuskels, hauptsächlich auf der linken Herzseite. Dadurch verliert das Herz an Elastizität. Es kann immer weniger Blut durch die linke Herzkammer fließen. Ein verdickter Herzmuskel kann Turbulenzen im Blutfluss (Wirbel, Strömungen) oder Herzklappenverschlussfehler hervorrufen. Die dadurch verursachten Herzgeräusche kann ein geübter Tierarzt mit dem Stethoskop hören.

Oft verläuft die HCM bei den betroffenen Katzen lange Zeit symptomlos. Es kann vorkommen, dass Tiere keinerlei Anzeichen der Krankheit zeigen und dann plötzlich wegen schwerer Herzrhythmusstörungen tot umfallen. Einige Katzen entwickeln Blutgerinnsel, die zum Beispiel eine äußerst schmerzhafte Lähmung der Hinterbeine verursachen können. In anderen Fällen kann sich Flüssigkeit

Frischluft sorgt für ein gut funktionierendes Immunsystem. (Foto: Haase)

in den Lungen ansammeln, was zu Atembe-schwerden führt.

Wie diese Erkrankung vererbt wird, ist noch nicht eindeutig geklärt. Wie beim Men-schen sind auch bei der Katze vermutlich zahl-reiche Gene für viele unterschiedliche For-men von HCM verantwortlich. Das erklärt, warum ein HCM-Gentest, der für Maine Coons entwickelt wurde, bei Bengalen keine verlässlichen Resultate bringt.

Zur Diagnostik wird das Herz der Katze mit einem Ultraschallgerät kontrolliert (Echo-kardiografie). Verdickungen des Herzmuskels lassen sich dabei erkennen. Zudem kann man beurteilen, wie das Herz schlägt und wie das Blut fließt. Solche Untersuchungen sollten aus-schließlich von erfahrenen Kardiologen vor-genommen und in regelmäßigen Abständen durchgeführt werden. Alle Bengalen, die für die Zucht eingesetzt werden, sollten vor dem ersten Zuchteinsatz und dann jährlich ge-schallt werden. Falls der Befund positiv oder unsicher (equivocal) ist, darf mit den betroffe-nen Tieren unter keinen Umständen gezüchtet werden.

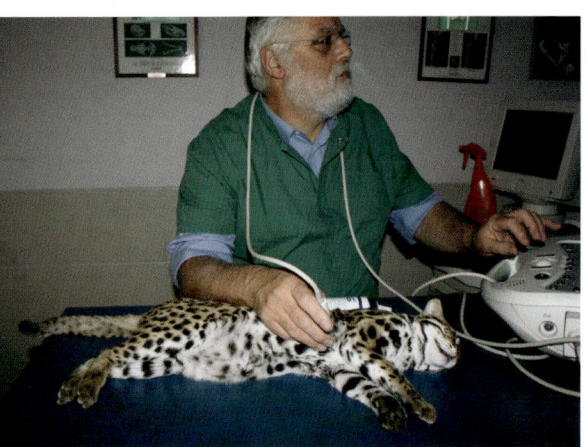

Äußerst wichtig: die jährliche Herz-Ultraschall-Untersu-chung der Zuchttiere, hier eine ALC, beim Kardiologen. (Foto: Coppens)

HCM ist leider nicht heilbar. Man kann die betroffenen Katzen jedoch medikamentös be-handeln, um ein Fortschreiten der Erkrankung zu verlangsamen, mit Glück gar zu stoppen.

Progressive Retina-Atrophie (PRA)

Die Progressive Retina-Atrophie (PRA) ist eine fortschreitende Netzhautdegeneration, durch die ein betroffenes Tier letztendlich völlig erblindet. In einer ersten Phase der Krankheit sind lediglich die Fotorezeptoren auf der Netzhaut betroffen. Später stirbt die gesamte Netzhaut (Retina) ab. PRA ist eine genetisch bedingte Krankheit, bei der immer beide Augen betroffen sind.

Eine betroffene Katze leidet zuerst an Nachtblindheit. Erst in einer zweiten Krank-heitsphase sind auch die Verarbeitung des Tageslichts und das Farbsehen beeinträch-tigt. Dieses Stadium erkennt man bei einer erkrankten Katze an den erweiterten Pupil-len. Besonders auf Fotos, die mit Blitzlicht aufgenommen wurden, fällt dann oftmals ein durchscheinender grüner Reflex in den Augen auf. Spätestens zu diesem Zeitpunkt ist eine betroffene Katze nicht mehr in der Lage, dem Lichtpunkt eines Laserpointers zu folgen.

Der Verlauf der PRA ist für die Tiere schmerzfrei. Zudem kann eine Katze er-staunlich gut mit dieser Form von Erblindung leben. Durch das langsame Fortschreiten der Krankheit hat sie Zeit, ihren Riech-, Hör- und Tastsinn stärker auszuprägen. In der gewohn-ten Umgebung findet sie sich so noch immer gut zurecht. Manch ein Katzenbesitzer be-merkt die Behinderung seiner Katze kaum. Einzig wenn sie sich in einer unbekannten Gegend bewegt, kann es vorkommen, dass sie an Gegenstände anstößt.

Eine Katze mit PRA. Man erkennt deutlich den Reflex der Pupillen.

PRA ist nicht heilbar. Es kann weder behandelt noch hinausgezögert werden. Bei den meisten an PRA leidenden Katzen wird die Krankheit im Alter von ein bis zwei Jahren festgestellt. Die völlige Erblindung tritt dann mit drei bis sechs Jahren ein. PRA ist, bis auf wenige Ausnahmen, eine rezessiv vererbte Erkrankung. Wir wissen somit, dass beide Eltern eines erkrankten Tiers genetisch mindestens PRA-Träger sind und diese Krankheit auch an die Kitten vererben werden. Wenn man PRA konsequent bekämpfen will, muss man beide Eltern einer erkrankten Katze aus der Zucht nehmen.

Leider gibt es für Bengalen noch keinen Gentest, der PRA aufdeckt. Die Krankheit kann nur durch einen augenheilkundlich versierten Tierarzt diagnostiziert werden. Eine Abklärung ist für die Tiere schmerzfrei und normalerweise auch ohne Sedierung durchführbar. Allerdings erkennt selbst der Spezialist bei dieser Untersuchung nicht, ob ein Zuchttier rezessiv PRA trägt (Genotyp N/pra) und daher selbst nicht an PRA erkrankt, die Krankheit aber vererbt. Dennoch empfiehlt es sich, alle Bengalen vor dem ersten Zuchteinsatz auf PRA untersuchen zu lassen. Bis zum Alter von vier oder fünf Jahren sollte diese Untersuchung jährlich wiederholt werden.

Pyruvat-Kinase-Defizienz (PK-Def.)

Bei dieser Erkrankung, die auch beim Menschen und Hund vorkommt, fehlt den roten Blutkörperchen das Enzym Pyruvat-Kinase.

Betroffene Tiere können neben immer wiederkehrenden Symptomen der Anämie wie blassen Schleimhäuten, Schwäche und Müdigkeit auch schwere hämolytische Krisen mit Gelbsucht und Fieber entwickeln sowie Flüssigkeitsansammlungen im Bauchbereich (ähnliche Symptome wie die der trockenen FIP-Form). Die Anzahl der roten Blutkörperchen kann in solchen Fällen stark vermindert sein. Zeigt ein erkranktes Tier eine schwere Anämie, können Bluttransfusionen lebensrettend sein.

Derzeit gibt es noch keine Therapie für diese Krankheit. Bei betroffenen Tieren sollten sowohl Stress als auch Risiken von Infektionen vermieden werden, da dadurch möglicherweise hämolytische Krisen ausgelöst werden.

Die PK-Defizienz wird rezessiv vererbt. Das bedeutet, dass eine Katze nur erkrankt, wenn sie je ein betroffenes Gen von Vater und Mutter erhalten hat. Mithilfe von Gentests können die Erbfehler, die zu PK-Defizienz führen, nachgewiesen werden. Mithilfe des Gentests können auch klinisch unauffällige Träger identifiziert werden, die die Erkrankung in der Rasse weiter verbreiten können. Der Gentest sollte unbedingt vor dem ersten Zuchteinsatz durchgeführt werden. Er kostet etwa 50 Euro und muss nur einmal gemacht werden. Es gibt drei mögliche Resultate (siehe Kasten unten).

Kitten, die in eine Zucht verkauft werden, sollten genetisch getestet sein. Wenn man in den nächsten Jahren ausschließlich N/N-Kitten für die Zucht einsetzt, kann diese Krankheit relativ schnell eliminiert werden. Kätzchen aus zwei N/N-Eltern müssen nicht mehr getestet werden, da sie zwingend auch N/N sind.

Anmerkung: PK-Defizienz darf nicht mit PKD (Polycystic Kidney Disease) verwechselt werden. PKD ist eine Nierenerkrankung, die vor allem bei Persern verbreitet ist.

1. *Genotyp N/N (homozygot gesund): Diese Katze trägt die Mutation nicht und kann sie auch nicht an ihre Nachkommen weitergeben.*

2. *Genotyp N/k (heterozygoter Träger): Diese Katze trägt eine Kopie des mutierten PK-Defizienz-Gens. Sie ist gesund, wird aber die Mutation an die Hälfte ihrer Nachkommen weitergeben. Eine solche Katze sollte, wenn überhaupt, nur mit einem mutationsfreien Partner (N/N) verpaart werden.*

3. *Genotyp k/k (homozygot betroffen): Diese Katze trägt zwei Kopien des mutierten PK-Defizienz-Gens und wird daher an PK-Defizienz erkranken. Zudem wird sie die Mutation an alle Nachkommen weitergeben. Ein solches Tier sollte auf keinen Fall für die Zucht eingesetzt werden.*

So vital wünscht man sich eine junge Katze! (Foto: Haase)

Flat Chested Kitten Syndrom (FCK)

Bei manchen Kitten verflacht sich die Unterseite des Brustkorbs wenige Tage nach der Geburt. Beim Abtasten der Brustwände kann man einen deutlichen Knick entlang der beiden Brustkorbseiten fühlen.

In diesem Fall spricht man vom Flat Chested Kitten Syndrom (FCK) oder Pectus excavatum. Milde Formen werden kaum bemerkt. Sie wachsen sich auch wieder aus. In schweren Fällen hingegen leiden die Kitten an Atembeschwerden, weil das Volumen der Brusthöhle kleiner wird und die Lungen sich nicht richtig entfalten können. Weniger Sauerstoff gelangt zu den Muskeln, das Kitten versucht, mehr Sauerstoff zu bekommen, indem es schneller atmet. Viele dieser Kitten sterben innerhalb der ersten drei Lebenswochen.

Zahllose Ursachen werden für die Entstehung dieses Zustands verantwortlich gemacht, beispielsweise Taurin- oder Kaliummangel, ohne dass man bis jetzt auf schlüssige Resultate gestoßen wäre. Es wurde bisher an keiner veterinärmedizinischen Fakultät eine Langzeitstudie über FCK durchgeführt. Daher beschränken wir uns auf Beschreibungen und Erfahrungen von Züchtern. Es sind alle Katzenrassen und auch gewöhnliche Hauskatzen von dieser Krankheit betroffen. Allerdings tritt sie in einigen Rassen (auch bei Bengalen) gehäuft auf. Das deutet auf eine genetische Prädisposition hin.

Leider müssen wir davon ausgehen, dass nicht bloß ein Gen für FCK verantwortlich ist. Eine Katze kann also nicht ohne Weiteres als Trägerin bezeichnet werden. Es scheint, dass zahllose genetische Marker zusammenspielen müssen, um FCK hervorzubringen: Hat eine Katze sehr viele von diesen Markern, dann werden die meisten Jungtiere des Nachwuchses eine Flachbrust haben. Wird sie mit einem Kater verpaart, der ebenfalls einen hohen Grad dieser Marker aufweist, werden alle Kitten des Wurfes flachbrüstig sein.

FCK kann allerdings auch durch nicht genetische Gründe hervorgerufen werden, zum Beispiel durch eine Erkrankung des Muttertiers während der Trächtigkeit oder eine Antibiotikabehandlung. Leidet ein Kitten aufgrund von zu wenig Milch unter Vitaminmangel, kann dies zu FCK führen. Dies erklärt, warum manchmal bei sehr großen Würfen das kleinste Kitten flachbrüstig ist.

FCK wird also auch vom Umfeld der Mutterkatze beeinflusst. Ist das Muttertier Trägerin von auch nur wenigen Markern, kann jede nachteilige Situation (inklusive schlechter Ernährung) das Risiko erhöhen, während ein besseres Umfeld verhindern kann, dass sich diese Krankheit entwickelt. Wenn man nur ein einziges flachbrüstiges Kitten in einem Wurf hat, dann könnten die Ursachen eher umweltbedingt als genetisch sein.

Patellaluxation (PL)

Patellaluxation ist der medizinische Fachausdruck für eine herausgesprungene oder ausgerenkte Kniescheibe. Bei betroffenen Tieren springt die Kniescheibe immer wieder aus ihrer v-förmigen knöchernen Führungsschiene im Oberschenkelknochen heraus.

Meist renkt sich die Patella von selbst wieder ein. Andernfalls muss sie manuell gerichtet werden. Dadurch werden alle umliegenden Bänder und Sehnen ausgedehnt. Die damit einhergehende Instabilität lässt die Kniescheibe immer öfter aus der Führungsschiene springen, was mit starken Schmerzen verbunden ist.

Mögliche Ursachen für PL sind:

- eine zu flach ausgebildete Führungsschiene (genetisch bedingt)

- Abweichungen in der Achse von Ober- und Unterschenkel (genetisch bedingt)

- zu schwache Bänder, Sehnen oder Muskeln in den Hinterbeinen (Bewegungsmangel und Übergewicht)

- Unfälle und Traumata

Tiere mit Patellaluxation sollten nicht für die Zucht eingesetzt werden.

Eine gesunde Bengal hat eine starke Muskulatur und somit auch eine große Sprungkraft. (Foto: Rudolph)

(Foto: Ridler)

Die Zucht
von Bengalkatzen

Züchten bedeutet nicht, eine Katze mit einem Kater zu verpaaren und dann auf die Kätzchen warten. In einer seriösen Zucht stecken enorm viel Wissen, Zeit, Erfahrung und Leidenschaft. All dies ist notwendig, um die Rasse zu verbessern und Schritt für Schritt dem Zuchtziel und der ursprünglichen Vision näherzukommen.

Die passende Zuchtkatze aussuchen

Die Rasse der Bengalen entwickelt sich rasant, viel schneller als alte Rassen wie zum Beispiel Perser, Orientalen oder Briten. So war beispielsweise in den 1990er-Jahren eine Katze mit einzelnen Rosetten die absolute Sensation, inzwischen gibt es kaum noch Bengalen ohne Rosetten.

Jahr für Jahr sind die besten Bengalen dem Standard nähergekommen, und diese Entwicklung ist noch lange nicht abgeschlossen. Wegen dieses schnellen Prozesses kann ein fünf Jahre altes Tier kaum mit einem jungen konkurrieren.

Da eine Zuchtkatze dazu beitragen soll, die Rasse weiterzuentwickeln, sollte das Tier der Entwicklung der Rasse nicht hinterherhinken. Aus diesem Grund ist es äußerst schwierig, an eine der wenigen Topzuchtkatzen heranzukommen, besonders wenn man noch unerfahren und in der Szene unbekannt ist. Es kann sinnvoll sein, einen Bengalkastraten ein oder zwei Jahre lang auszustellen, um sowohl in der Szene als auch mit dem Standard vertraut zu werden.

Ein Einsteiger sollte zuerst einzelne Züchter besuchen, mit ihnen ein Vertrauensverhältnis aufbauen und sich dann von einem erfahrenen Züchter helfen lassen. In dieser langfristigen Beziehung ist der Mentor da, um zu beraten, Fragen zu beantworten und mit Rat und Tat zur Seite zu stehen. Er kann bei der Auswahl der richtigen Zuchtkatze helfen und später beim Aussuchen eines passenden Katers Tipps geben.

Wer eine Katze als Ergänzung für ein bestehendes Zuchtprogramm kaufen möchte, sollte sich sehr genau überlegen, welches die Stärken seines Programms sind und in welche Richtung er sich verbessern möchte.

Die neue Zuchtkatze oder der neue Zuchtkater sollte die Stärken eines Programms nicht gefährden, zugleich aber einzelne Punkte verbessern. Wenn sich zum Beispiel meine Katzen durch kleine Ohren auszeichnen, jedoch wenig Kontrast haben, ergibt es keinen Sinn, einen kontrastreichen Kater mit großen Ohren dazuzukaufen. Das Risiko, die kleinen Ohren wieder zu verlieren, ist viel zu groß. Erfolgreiches Züchten bedeutet voraussehen, abwägen und einschätzen.

In die Zukunft schauen
Vorauszusagen, wie sich ein Kitten genau entwickeln wird, ist auch für erfahrene Züchter

Ein Züchtertraum: eine glückliche und gesunde Mutterkatze, die sich rührend um ihren Nachwuchs kümmert. (Foto: Haase)

sehr schwierig. Es ist ein unter Züchtern beliebtes Spiel, gemeinsam einen Wurf anzuschauen und zu prognostizieren, welches Kitten sich wie entwickeln wird und welches man aussuchen würde. Die Lösung allerdings erhält man erst Monate später.

Ganz allgemein kann man die Zeichnung bereits nach der Geburt erkennen. Große Tupfen entwickeln sich meistens zu Rosetten, die endgültige Grundfarbe lässt sich schon früh hinter den Ohren erkennen. Viele Kitten haben einen weißen Bauch, aber nur wenige behalten diesen bis ins Erwachsenenalter. Die Form der Ohren kann man oft in den ersten Tagen erahnen. Danach wird man lange nichts mehr über die Ohren aussagen können, weil sie sich nicht proportional zum Kopf entwickeln. So scheinen alle Kitten zu einem gewissen Zeitpunkt große Ohren zu haben.

Der Nasenrücken wird nach den ersten zwei bis drei Wochen tendenziell gerader, weil sich die Nase nach außen streckt. Ein schwaches Kinn bei einem Kitten wird im Erwachsenenalter wahrscheinlich noch schwächer. Mit etwa zehn bis zwölf Wochen lässt sich abschätzen, wie muskulös der Körperbau wird. Versteifungen in den letzten Schwanzgliedern sind oft erst mit vier oder fünf Monaten spürbar. In betroffenen Linien kann es durchaus sinnvoll sein, ein Röntgenbild des Schwanzes zu erstellen, bevor man eine Katze in die Zucht verkauft. So lässt sich erkennen, ob alle Schwanzwirbel schön positioniert sind und einen gleichmäßigen Abstand aufweisen.

Gesundheit an erster Stelle

Besondere Aufmerksamkeit sollten Sie der Gesundheit und der Gesundheitsvorsorge der

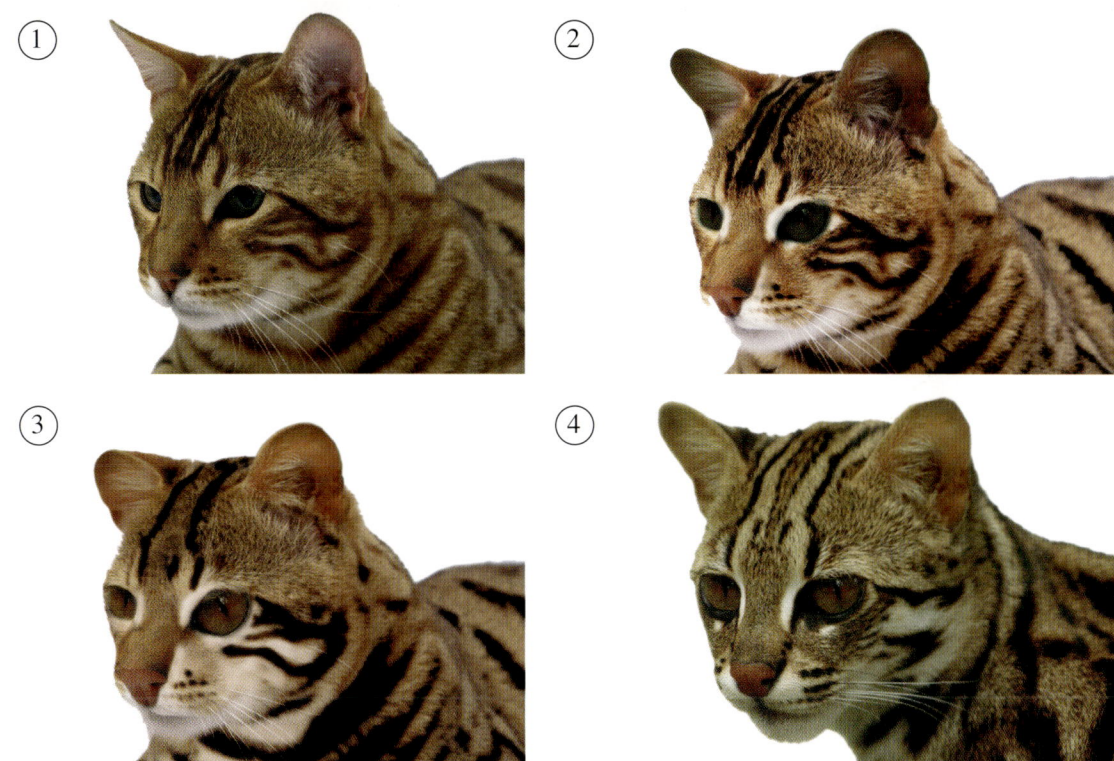

So könnte die Zukunft aussehen. Auf diesen Bildern wurde der Kopf von IW SGC Spice Basil (1) am Computer in zwei Etappen (2, 3) so manipuliert, dass er der Asiatischen Leopardenkatze (4) ähnlicher sieht. Die Augen wurden vergrößert, die Ohren kleiner und runder gemacht, das Kinn verstärkt und die Nase breiter und dominanter gestaltet. Zudem wurde dem Gesicht weiße Farbe zugefügt und das Tabby-M auf der Stirn wegretuschiert. (Fotomanipulation: Jacqueline Gloor)

Kitten, aber auch der Eltern zukommen lassen. Achten Sie beispielsweise auf aktuelle und regelmäßige Untersuchungen wie HCM-Schall und PK-Defizienz-Test (siehe auch Seite 59 ff.).

Auch sogenannten „strukturellen Fehlern" sollte besondere Beachtung geschenkt werden. Schauen Sie die Kitten und Eltern sehr genau an und achten Sie auf Korrektheit im gesamten Körperbau:

- Sind die Hinterbeine gerade (oder kuhhessig/„cow-hocked")?

- Sind die Rippenbögen rund (oder flach)?

- Ist das Kinn ausgeprägt (oder schwach)?

Wild Look – ein ehrgeiziges Zuchtziel

Laut Rassestandard müssen Bengalen sich klar von Hauskatzen und allen anderen Rassekatzen unterscheiden. Was charakterisiert den erwünschten Wild Look eigentlich ganz genau?

Die Zeichnung erinnert an Wildkatzen, denn in keiner anderen Rasse findet man Rosetten oder eine horizontal verlaufende Zeichnung. Auch der weiße Bauch ist einzigartig. Solche Attribute bringen einen Hauch von Regenwald in unsere häusliche Umgebung.

Der wilde Ausdruck beschränkt sich jedoch nicht auf die Zeichnung. Oft wird sogar behauptet, dass man eine Bengal als solche erkennen sollte, selbst wenn sie nur schwarzes

IW SGC Spice Basil hat einen kräftigen und athletischen Körperbau, wie man ihn sich wünscht. (Foto: Rudolph)

Fell hätte. Genau wie der schwarze Panther, den wir als Leopard erkennen, obwohl er keine Zeichnung besitzt.

Doch worin genau unterscheiden sich Körperbau, Kopfform und Gesichtsausdruck einer kleinen Wildkatze (zum Beispiel einer ALC) von jenen einer gewöhnlichen Hauskatze? Dieser scheinbar einfachen Frage wollen wir hier nachgehen, um so dem Geheimnis der typvollen Bengalkatze auf die Spur zu kommen.

Der Körperbau

Es fällt auf, dass der Körper von Wildkatzen außerordentlich muskulös ist und die Beine sehr stämmig und robust sind. Die Tiere wirken sehr athletisch. Eine ALC hat nicht den Körperbau eines filigranen Langstreckenläufers, sondern eher den eines muskulösen und auf Schnellkraft getrimmten Sprinters.

Weil Muskelfasern deutlich mehr wiegen als Fettgewebe, überraschen Wildkatzen und gute Bengalen durch ihr hohes Gewicht. Unter der Haut kann man die harten kompakten

Auch ein Laie kann beim Betrachten dieses Umrisses erkennen, dass es sich bei dem abgebildeten Tier um eine Wildkatze handelt. (Zeichnung: Claudia Cereghetti)

Muskeln fühlen. Dies gilt besonders für den Bereich der Beine und des Nackens. Letzterer ist auffallend breit und kräftig.

Der Körper einer ALC ist länger als jener unserer Bengalen, was sich auch durch einen zusätzlichen Wirbel in der Wirbelsäule erklären lässt. Optisch wird diese Länge durch die horizontale Zeichnung und die farbliche Abstufung bis hin zum weißen Bauch unterstrichen. Man sollte sich im Klaren sein, dass fast alle Bengalkatzen vertikale Elemente in ihrer Zeichnung haben. Dadurch wirken ihre Körper nie so lang wie jene der ALCs.

Der Schwanz ist viel dicker und läuft nicht, wie bei vielen domestizierten Katzen, spitz zu. Zudem wird er immer tief getragen. Dieser kräftige Schwanz hilft sowohl der ALC wie auch der Bengal beim Klettern, um während der Sprünge das Gleichgewicht zu bewahren. Obwohl der Standard nichts dazu sagt, bevorzugen die meisten Züchter relativ kurze, aber sehr kräftige Schwänze – aus dem einfachen Grund, weil es auch beim Wildtier so ist. Mittlerweile wird es üblich, dass die Schwänze nicht nur geringelt sind, sondern auch Tupfen oder Rosetten aufweisen.

Bengalzüchter versuchen durch gezielte Selektion, diese Charakteristika der ALC in den Genpool der Bengalen zu integrieren.

Bewegung und Körperhaltung

Auf den meisten Bildern sehen wir die ALC in einer gestreckten und geduckten Haltung. Dies hat allerdings auch damit zu tun, dass die äußerst scheuen Wildtiere in der Nähe des Menschen eher gestresst sind und daher kaum je eine entspannte Körperhaltung zeigen. Sobald sich eine Bengal oder eine Hauskatze bedroht fühlt, bewegt sie sich in einer sehr ähnlichen Art und Weise. Für das vor-

Dieser F1-Kater bewegt sich entspannt. Gut zu erkennen ist die horizontale Ausrichtung der Zeichnung. (Foto: Smith)

liegende Buch wurden bewusst ALC- und F1-Bilder ausgewählt, die die Tiere verhältnismäßig entspannt zeigen, und es scheint, dass die Körperhaltung sich nicht grundlegend von jener einer Bengal unterscheidet.

Der Kopf

Der Kopf trägt wesentlich zum wilden Erscheinungsbild bei. Dabei gilt es besonders auf die Schädelform, das Profil, die Nase, die Augen und die Ohren zu achten. Der Durchmesser des Nackens ist etwa so groß wie jener des Schädels. Der Kopf hingegen wirkt im Verhältnis zum Körper klein und zierlich. Die meisten Wildkatzen haben im Verhältnis zum Körper einen deutlich kleineren Kopf als Hauskatzen. Daher wirkt eine Bengal mit einem relativ kleinen Kopf immer wilder.

Der Schädel ist bei einer ALC vom Nacken bis über die Augen kontinuierlich gebogen und geht dann, ohne sichtbaren Übergang, in einen beinahe geraden Nasenrücken über. Die Stirn ist etwa doppelt so lang wie der Nasenrücken. Die Zeichnung besteht aus geraden Linien und nicht, wie bei vielen Bengalkatzen, aus einem Tabby-M. Dadurch wirkt die Stirn länger.

Ein Bogen führt von der Stirn direkt hin zum Nasenrücken, ohne sichtbare Kante – hier bei einer ALC sehr gut zu sehen. (Foto: Ehret)

Für die Zucht ist dieses Profil (von der Nasenspitze bis hinter die Ohren) eine große Herausforderung. Zumindest in der TICA bevorzugt man mehr und mehr einen geraden Nasenrücken, obwohl laut Standard auch ein leicht konkaver Bogen noch toleriert wird. Allerdings ist in den allermeisten Fällen die sehr flache Stirn mit einem deutlichen Knick oberhalb der Augen noch immer die Regel. Es ist zu erwarten, dass hier in den nächsten Jahren eine Entwicklung stattfinden wird, da auch einige Richter begonnen haben, darauf zu achten, und beim Betrachten des Profils nicht mehr nur auf den Nasenrücken schauen.

Die Nase einer ALC ist sehr dominant. Der Nasenrücken ist hoch und von der Nasenwurzel bis zum Nasenspiegel gleichmäßig breit. Die Nase einer Hauskatze hingegen verjüngt sich zum Spiegel hin. Vor allem OS RW SGC Stonehenge Wurththawate of Junglehem (ehemals of Snopride) fiel durch seine ALC-ähnliche Nase auf. Er hat diese auch seinen unzähligen Abkömmlingen weitergegeben.

Das Kinn einer ALC ist sehr stark und sehr weiß. Die Augen sind auffallend groß und dominieren das ganze Gesicht. Im Allgemeinen sollten die Augen der Bengalen größer und ausdrucksstärker werden. Dabei kommt es nicht so sehr auf die Form an: Es gibt ALCs mit kugelrunden Augen und solche mit eher mandelförmigen. Laut Standard sollte die Augenfarbe intensiv sein. Wildkatzen haben ausschließlich kupferfarbene bis braune Augen. Das wirkt bedeutend wilder als das Grün der meisten Bengalen.

Die Ohren bei der ALC sind von moderater Größe, breit an der Basis und am Ende

RW SGC Spice Sedano hat ein außergewöhnlich schönes Profil. (Foto: Ehret)

sehr abgerundet. Die Ohren der allermeisten Bengalen sind noch völlig unbefriedigend: zu groß, zu spitz und zu nah beieinander. Aber es gibt in der Zucht kaum etwas Schwierigeres zu korrigieren als die Ohren.

Das viele Weiß im Gesicht einer ALC unterstreicht ebenfalls ihr wildes Aussehen und ist bei den Bengalen nach wie vor vollkommen unerreicht. Eine ALC wirkt gegenüber einer Bengalkatze wie eine professionell geschminkte Frau, die ihre Augen und Gesichtszüge hervorhebt. Die weiß umrandeten Augen wirken größer, der Nasenrücken breiter, die weißen Wangen schmaler.

Die intensive Gesichtszeichnung und der weiße Bauch sind oft bereits auf Stufe F1 oder F2 verloren. Dies lässt erahnen, wie schwierig es sein wird, eines Tages Bengalkatzen mit diesen Eigenschaften zu züchten.

F1-Kater mit viel Weiß im Gesicht und einer schönen Mascarazeichnung. (Foto: Smith)

(Foto: Rudolph)

Ausstellungen
Spieglein, Spieglein an der Wand …

Auf Ausstellungen werden Katzen voller Stolz präsentiert und miteinander verglichen. Dort kann man sich am besten einen Überblick über die Rasse verschaffen und erkennen, welche Fortschritte einzelne Züchter erzielt haben.

Was ist eine Showkatze?

Viele Züchter unterscheiden bei ihren Jungtieren zwischen Liebhaber-, Zucht- und Ausstellungstier. Die Kategorien unterscheiden sich erheblich im Kaufpreis: So kann ein Ausstellungstier gut und gern doppelt so viel kosten wie ein Liebhabertier. Worin unterscheiden sie sich aber? Was macht ein Showtier aus?

Liebhabertiere werden oft bereits kastriert abgegeben oder mit einem Vertrag verkauft, der die Kastration vorsieht. Auf den Internetseiten der Züchter wird darauf hingewiesen, dass solche Tiere gemessen am Standard kleine „Fehler" haben können, wie zum Beispiel einen vertikalen Strich in der Zeichnung, etwas größere Ohren oder eine kleine Versteifung in der Schwanzspitze. Zuchttiere sollten keine solchen Mängel aufweisen, da sie diese an ihre Nachkommen weitervererben könnten.

Viele Züchter preisen Showtiere unter dem Motto an: entspricht dem Standard. Im nächsten Satz wird dann jedoch darauf hingewiesen, dass Ausstellungserfolge weder vorausgesagt noch garantiert werden können.

Allzu oft werden bereits drei bis fünf Wochen alte Kitten als Showquality für teures Geld angeboten. Wir können vor solchen Angeboten nur warnen. Kitten verändern sich gerade in diesem Alter enorm schnell, und auch erfahrene Züchter können kaum voraussagen, wie sich ein Kitten entwickelt. Eigentlich lässt sich in diesem jungen Alter nur die Zeichnung ziemlich genau voraussagen. Die genaue Farbentwicklung wird hingegen erst mit etwa eineinhalb Jahren erreicht. Dies ist, als ob man bei einem dreijährigen Mädchen voraussagen wollte, dass es als junge Frau einmal auf dem Laufsteg Erfolg haben wird.

Eine gute Showkatze ist auf Ausstellungen immer mal wieder erfolgreich. Dies bedingt, dass das Tier keine gravierenden Schwachpunkte aufweist, über die kein Richter hinwegzusehen bereit ist. Keine Katze kann in allen Bereichen überragend sein (die perfekte Bengal gibt es nicht und wird es auch in den nächsten Jahren nicht geben), jedoch sollte eine Showkatze in einigen Bereichen herausstechen, zum Beispiel durch besonders kleine Ohren, außergewöhnlich große Augen oder einen weißen Bauch.

Ein ansprechender, wilder Gesichtsausdruck kann ein Tier weit bringen. Der erste und der letzte Blick des Richters, sowohl beim traditionellen als auch beim Ringrichten, sind frontal in das Gesicht gerichtet und

Ob sie sich wohl über diese Platzierung freut? (Foto: Rudolph)

bekanntlich zählen der erste und der letzte Eindruck am meisten.

Zudem muss sich eine Showkatze gut präsentieren und vom Richter leicht anfassen lassen. Gewissen Katzen sieht man es förmlich an, wie sie sich auf den Richter und das Richten freuen. Man könnte beinahe meinen, sie würden mit dem Richter flirten. Diese Eigenschaft ist kaum trainierbar, einer Showkarriere jedoch sehr förderlich. Andererseits wird eine scheue, ängstliche oder sehr laute Katze es immer schwer haben, sei sie auch noch so schön. Abschließend kann man sagen, dass sich erst auf einer Show herausstellt, welches die wirklichen Showtiere sind.

Ein paar Formalitäten

Sie können Ihre schöne Bengal auch ausstellen, wenn Sie weder Züchter noch Mitglied in einem Verein sind. Auf den Internetpräsenzen verschiedener Vereine finden Sie alle wichtigen Informationen zu den Ausstellungen und die Anmeldeformulare. Dem Stammbaum Ihrer Katze können Sie die notwendigen Daten zum Ausfüllen des Formulars entnehmen.

Um an einer Ausstellung teilzunehmen, muss Ihre Katze geimpft (bei Ausstellungen im Ausland auch gegen Tollwut) und mit einem Microchip versehen sein.

An einer TICA-Ausstellung kann man einmal ohne vorherige Registrierung teilnehmen. Sollte Ihnen diese Ausstellung gefallen und möchten Sie künftig weiter ausstellen, sollte die Katze unbedingt bei der TICA registriert werden. Gehen Sie immer gut vorbereitet an eine Ausstellung, Sie ersparen sich selbst und Ihrer Katze jede Menge Stress und Aufregung. Hier eine Liste wichtiger Dinge, die Sie zur Show mitnehmen müssen:

- Impfpass
- Meldebestätigung
- Kugelschreiber
- Futter
- Wasser
- Trink- und Fressnapf
- Kleine Katzentoilette
- Katzenstreu
- Decke
- Bettchen/Kuschelhöhle
- Desinfektionsmittel
- Papiertücher
- Spielzeug
- Kontoauszug (Überweisung Startgeld)

Vorbereitung auf die Ausstellung

Für ein Ausstellungstier reicht es nicht, besonders hübsch zu sein. Es muss sich auch gut präsentieren lassen. Dafür sind sowohl genetische Faktoren als auch eine gute Vorbereitung nötig. Extrovertierte, neugierige, selbstsichere Katzen sind vom Charakter her für Ausstellungen besser geeignet. Zudem sollten sie ziemlich stressresistent sein und sich nicht schnell einschüchtern lassen. Da diese Eigenschaften zu einem großen Teil vererbt werden, sollte man bereits beim Züchten darauf achten.

Aber auch die Sozialisation darf nicht vernachlässigt werden. Bekanntlich gibt es für kleine Katzen zwei Sozialisationsfenster: das erste zwischen der zweiten und der fünften Woche, wenn das Kitten eine neuronale Entwicklung durchmacht, seine Umgebung wahrnimmt und erste positive Assoziationen zu Berührungen, menschlichen Stimmen und Gerüchen gewinnen kann. Weit wichtiger ist allerdings das zweite Sozialisationsfenster zwischen der 12. und der 15. Woche. Dann orientiert sich das Kitten an der Außenwelt und lernt mit ihr zu interagieren. Es löst sich aus der engen Beziehung zur Mutter und ist enorm aufnahme- und lernfähig. In dieser Phase sollte mit dem Training für Ausstellungen begonnen werden.

Führen wir uns vor Augen, welches die eigentlichen Stressfaktoren für eine Katze an einer Ausstellung sind: Dies beginnt mit der Hinfahrt in der engen Transportbox. Kitten kennen diese Situation meist nur von dem für sie relativ unangenehmen Tierarztbesuch. Es ist daher empfehlenswert, die zukünftige Ausstellungskatze frühzeitig auf kleinere und größere Autofahrten mitzunehmen. Für den Transport verwenden wir eine größere Transportbox (eigentlich für Hunde) oder Ausstellungszelte, aus denen die Katzen hinausschauen können und wo auch eine Katzentoilette Platz findet.

Die Showkäfige verlieren viel von ihrer Bedrohlichkeit, wenn die Kitten sie bereits von zu Hause kennen und positive Assoziationen damit verbinden. Man kann das junge Kätzchen zum Beispiel in dem Ausstellungskäfig füttern.

Auf dem Richtertisch wird die Katze von einer fremden Person angefasst, und dies meist mit sehr standardisierten Griffen, die man immer wieder üben sollte. Die Richter kontrollieren den Körperbau und den Brustkorb, indem sie die Katze strecken. Durch das Stellen auf dem Tisch werden die Hüften und die Hinterbeine zum Beispiel auf die Kuhhessigkeit angeschaut.

Der Schwanz wird abgetastet und auf Fehler untersucht.. Einem eventuellen Hodenhochstand kommt man durch Berührung auf die Spur. Um das Profil zu beurteilen, muss der Richter den Kopf anfassen. Um ein Locket zu erkennen und sich zu vergewissern, dass der Bauch gezeichnet ist, wird die Katze vom Richter meistens unter den Achseln gefasst und angehoben.

Je mehr die Kitten diese Griffe kennen, umso besser sind sie auf einer Ausstellung darauf vorbereitet. Ein kleiner zusätzlicher Trick ist, mit einem Kugelschreiber zu spielen. Richter haben immer einen solchen zur Hand und benutzen ihn daher auch immer wieder, um die Aufmerksamkeit der Katzen auf sich zu lenken.

Auf Ausstellungen wird sehr viel Desinfektionsmittel verwendet. Deshalb sollte man die Kätzchen von klein auf an den Geruch gewöhnen.

Es ist hilfreich, bereits ab dem dritten bis fünften Lebensmonat mit dem Ausstellen zu beginnen. Wir versuchen, einem jungen Kitten anfangs immer eine erfahrene Katze als Begleitung mitzugeben, denn bekanntlich lernen Katzenkinder besser von anderen Katzen.

Im Ring kann eine sehr laute oder aggressive Katze andere irritieren und ängstigen. Es ist wichtig, eine unerfahrene Katze vor solch traumatisierenden Begegnungen zu schützen. Man kann zum Beispiel darum bitten, dass die eigene Katze in einem etwas weiter entfernten Käfig platziert wird, oder man lässt sogar einmal einen Ring aus. Nach dem Richten sollte die Katze immer gelobt und belohnt werden.

Für etwas unsichere Tiere oder für Kater mit Tendenz zum Markieren kann es hilfreich sein, ein wenig Pheromone in den Showkäfig zu sprühen, bevor man sie in den Ring bringt. Gewisse Aussteller schwören auf die Wirkung von homöopathischen Mitteln oder Bachblüten, um die Katzen etwas zu beruhigen. Synthetische Beruhigungsmittel sind ein absolutes Tabu, nicht zuletzt aus ethischen Gründen.

Ein Teil der Bewertung gilt immer auch der Kondition der Katze. In der FIFe werden dafür sogar Punkte vergeben. Wie kann man garantieren, dass die eigene Katze immer in guter Kondition ist? Eine hochwertige und ausgewogene Nahrung gibt dem Fell den nötigen Glanz und stellt sicher, dass die Katze ihr Idealgewicht behält. Regelmäßiges Bürsten dient auch bei einer Kurzhaarkatze der Fellpflege und garantiert eine gute Durchblutung der Haut. Intensives Spielen mit der Katze bereitet nicht nur Spaß, sondern trainiert und stärkt auch die Muskulatur. Dafür ist auch ein Laufrad für den Stubentiger sehr nützlich (siehe Seite 20 f.).

Allerdings muss zugegeben werden, dass es sehr schwierig ist, eine Katze eine ganze Saison in hervorragender Kondition zu halten: Viele weibliche Tiere nehmen drastisch ab, wenn sie immer wieder rollig werden. Kater hingegen nehmen ab und bekommen Katerbacken, wenn sie zu viel decken. Aus diesem Grund werden vor allem in der TICA mit den tendenziell intensiveren, dafür aber kürzeren Ausstellungszeiträumen die Tiere nicht gleichzeitig ausgestellt und für die Zucht eingesetzt.

In der TICA ist es ein ungeschriebenes Gesetz, dass alle Katzen vor den Ausstellungen gebadet werden, und die Richter erwarten dies auch. Auf traditionellen Shows ist dies weniger üblich. Ein geübtes Auge sieht den Unterschied zwischen einer gebadeten und einer ungebadeten Katze sofort: Das Fell einer frisch gebadeten Katze ist weniger fettig und hat einen schönen Schimmer. Da unsere Bengalen Wasser meistens mögen, nehmen sie das Baden recht gut an. Im Handel sind verschiedene auf den Katzentyp abgestimmte Shampoos erhältlich.

Vor einer Show müssen die Krallen an allen vier Pfoten geschnitten werden. Dies, weil es das Ausstellungsreglement explizit

So machen Ausstellungen Spaß: Harmonie zwischen Mensch und Katze. (Foto: Rudolph)

vorschreibt (TICA) und weil es den Richtern gegenüber einfach nur höflich und fair ist. Auch das übt man besser schon mit den kleinen Kitten. Sollten die Katzen dennoch dabei Probleme machen, kann es hilfreich sein, die Krallen beim Baden zu schneiden. Dann geht es meistens viel einfacher. Die Katzen sind abgelenkt und durch das Wasser wohl nicht so sensibel an den Krallen.

Am Ausstellungstag kann man mit einem Trimmer noch etwas Unterwolle herausschneiden. Dies empfiehlt sich besonders bei Katzen mit etwas rauem Haar und Ticking, denn dadurch wird das Fell geschmeidiger und die Zeichnung erscheint klarer. Manche Aussteller reiben ihre Katzen zudem mit einem speziellen Glanz- oder Antistatikspray ein. Allerdings sollte man die genaue Wirkung zuerst zu Hause testen, denn nicht alle Produkte eignen sich für alle Fellkonsistenzen. Auch eine mögliche allergische Reaktion würde so noch rechtzeitig erkannt.

Der große Tag ist da

Auf Ausstellungen der TICA werden die Katzen in den folgenden drei Kategorien gerichtet:

🐾 Kitten
(Kätzchen von vier bis acht Monaten)

🐾 Adult
(unkastrierte Katzen ab acht Monaten)

🐾 Alter (Kastraten)

Bei der TICA gibt es immer einige u-förmig angeordnete Ringe, in denen ein Richter alle Katzen der Ausstellung beurteilt. Ihre Katze wird also nicht wie auf traditionellen Ausstellungen nur von einem Richter gerichtet, sondern gleich von mehreren, meistens von fünf oder sechs pro Tag.

Im Gegensatz zu den herkömmlichen Ausstellungen konkurrieren bei der TICA Kater

SGC Mainstreet Wurthy Lady wurde als erste Bengalkatze in Deutschland mit dem höchsten Titel der TICA ausgezeichnet. (Foto: Corns)

Division gegeneinander an, also zum Beispiel alle Tabbies (Brown Spotted und Brown Marbled) gegeneinander, alle Silber gegeneinander oder alle Mink gegeneinander.

Zu guter Letzt gibt es das Finale: Jeder Richter prämiert seine zehn Favoriten aus allen Katzen der Ausstellung (oder seine zehn besten Kurzhaarkatzen, wenn es sich um ein Kurzhaarfinale handelt). Dafür gibt es dann meistens eine farbige Schleife.

Um in der TICA Titel zu erlangen, müssen die Katzen bei der „Best of Colour" und der „Best of Division" Punkte sammeln und an Finalen teilnehmen.

Eine Ausstellungssaison dauert in der TICA jeweils von Anfang Mai bis Ende April. Die 20 in dieser Zeitspanne erfolgreichsten Katzen einer Region – zum Beispiel Europa Nord (von Belgien über Deutschland bis Russland) oder Europa Süd (von Portugal bis Israel) – dürfen zusätzlich zu ihrem Titel noch die Kürzel RW (Regional Winner) tragen. Die 25 besten Katzen der Welt werden IW (International Winner) genannt.

Eine genaue Auflistung der Titel und der dafür benötigten Punkte ist auf der Internetseite der TICA zu finden (siehe auch Seite 93).

Wir raten jedem Ausstellungsanfänger, sich an eine erfahrene Person zu wenden und sich zu den ersten Ringen begleiten und alles erklären zu lassen. Sie werden sehen: Alles wird so schnell viel fassbarer und einleuchtender, und bald wird für Sie eine TICA-Ausstellung kein Buch mit sieben Siegeln mehr sein.

Eine TICA-Ausstellung ist Jahr für Jahr für Bengalzüchter aus aller Welt etwas ganz Besonderes: die On-Safari. Sie dauert drei Tage und wird immer in einer anderen Stadt der USA ausgetragen. Am Freitag ist die Showhalle allein für Bengalen reserviert. In verschiedenen Kongressen treten nicht selten bis

und Katzen gegeneinander. Der Richter kennt weder den Namen noch den Titel der Tiere. Es kann also vorkommen, dass sich ein gerade acht Monate junges Weibchen gegen einen ausgewachsenen SGC-Kater (Supreme Grand Champion) behaupten muss. Es versteht sich von selbst, dass sie in diesem Fall kein leichtes Spiel hat.

Die Katzen werden zunächst innerhalb der Rasse gerichtet. Als Erstes gibt es Punkte für die „Best of Colour" – das ist nicht, wie oft fälschlicherweise angenommen wird, die Katze mit der schönsten Fellfarbe. Der Richter kürt hier die schönste Bengal innerhalb einer Farbvariation (zum Beispiel Brown Spotted).

Danach gibt es Punkte für die „Best of Division". Dabei treten alle Katzen der gleichen

Ganz genau betrachtet. (Foto: Rudolph)

zu 80 Kitten, etwa 50 erwachsene Bengalen und über 20 Kastraten an. Nicht nur die Richter haben das Sagen: An der On-Safari küren auch die anwesenden Züchter ihre Favoriten, und zwar in ganz vielen Kategorien, wie zum Beispiel „schönste Zeichnung", „bester weißer Bauch" oder „wildester Ausdruck". Wer auf einer solch großen Veranstaltung Erfolge feiert, darf wahrlich stolz auf seine Tiere sein.

Bengalen richten

Erkundigt man sich bei den Züchtern nach den Zuchtzielen, so wird man immer wieder die gleiche Antwort finden:

1. Die Tiere sollen gesund sein.
2. Die Tiere sollen einen freundlichen und menschenbezogenen Charakter haben.
3. Die Tiere sollen schön sein und dem Rassestandard entsprechen.

Diese Reihenfolge hat ihre Richtigkeit. Welcher seriöse Züchter möchte schon wunderschöne Kitten, die aber krank oder aggressiv sind und sich deshalb von den neuen Besitzern nicht anfassen lassen?

Bei den Ausstellungen sollten sich die Richter auf die genau gleichen Prioritäten in derselben Reihenfolge fokussieren. Dazu verpflichten sie einerseits die Leitfäden der verschiedenen Standards und andererseits auch ihre Funktion als Berater der Züchter zum Wohl der Rasse.

Nicht jeder Züchter ist in der Lage, alle Gesundheitsprobleme zu erkennen, und viele sind ihren eigenen Katzen gegenüber alles andere als objektiv und übersehen großzügig das eine oder andere Problem. Wer, wenn nicht ein Richter, sollte solchen Züchtern ein objektives Feedback geben?

Gesundheit und Körperbau

In Europa gibt es praktisch auf jeder Show eine Tierarztkontrolle. Daher kann man davon ausgehen, dass Tiere keinen Einlass erhalten, die nicht genügend geimpft oder von Parasiten befallen sind oder die andere eindeutige Anzeichen einer Krankheit aufweisen.

Die Richter sollten deshalb vor allem auf strukturelle Probleme achten:

- Beinstellung: Während bei Ausstellungen von Hunden und Pferden die Tiere auch in der Bewegung beurteilt werden, ist das Richten einer Katze etwas sehr Statisches und findet ausschließlich auf einem Richtertisch statt. Deshalb werden Fehlstellungen der Beine nur sehr selten gesehen und bemängelt. Zum Beispiel wird die Kuhhessigkeit („cow-hocking"), eine Fehlstellung der Hinterbeine, bei der die Sprunggelenke nach innen gedreht sind und die Zehen nach außen zeigen, von den Richtern leider oft weder beachtet noch bewertet. Bei älteren Tieren führt Kuhhessigkeit zu Arthrose und Schmerzen.

- Unter- oder Überbiss: Zwar neigen Bengalen nicht zum Unter- oder Überbiss, dennoch sollten die Richter gut darauf achten. Immer wieder werden Tiere mit einem sehr schwachen Kinn ausgestellt. Katzen mit einer Fehlstellung des Kiefers sollten nicht für ein Zuchtprogramm verwendet werden.

- Schwanzfehler: Knickschwänze sind recht selten. Leichte Versteifungen oder auch Verdickungen am Schwanzende kommen

eher vor. Es ist wichtig, dass Richter mit ihrer Erfahrung dies beurteilen.

- Hodenhochstand (Kryptorchismus): Wenn sich bei einem jungen Kater die Hoden nicht senken, kann dies erhebliche Komplikationen nach sich ziehen. Der in der Bauchhöhle verbliebene Hoden kann absterben, was zu einer akuten Blutvergiftung führen würde.

Charakter

Obwohl sie sich in den letzten Jahren extrem verbessert haben, gehören Bengalen auf Ausstellungen immer noch zu den Lautesten. In Bezug auf den Charakter besagt das TICA-Ausstellungsreglement Folgendes: „Das Temperament sollte nicht herausfordernd sein. Jedes Anzeichen von klarer Herausforderung soll mit der Disqualifikation geahndet werden. Die Katze darf Furcht zeigen, versuchen zu fliehen oder allgemein lautstark protestieren, aber sie darf nicht ernsthaft drohen, angreifen oder beißen." Manchmal würde man sich als Aussteller einer Bengal wünschen, dass diese Regeln konsequenter angewandt würden, auch zum Schutz der ruhigeren Tiere. Oft reicht ein einziges sehr nervöses und die Provokation suchendes Tier, um im ganzen Ring Unruhe zu verbreiten.

Tipps für die Richter

Bengalen sind eine sehr verspielte, agile Rasse. Es kommt vor, dass Bengalen störrisch reagieren und laut ihren Unmut kundtun, wenn sie auf dem Richtertisch zu sehr festgehalten und in ihrer Bewegungsfreiheit eingeschränkt werden. Der Richter sollte sie in diesem Fall nicht noch fester halten, sondern lieber versuchen, die Katze mit einem Spielzeug abzulenken. Die meisten Bengalen werden dies dankbar annehmen und sich sehr schnell entspannen.

Das gestreckte Halten, zum Beispiel beim Herausnehmen aus den Ausstellungskäfigen oder beim Präsentieren der Katze, kann manchmal schwierig sein. Vor allem Kater können sich mit sehr viel Kraft aus dem Griff winden. In diesem Fall kann man das Tier meistens beruhigen, indem man das Becken deutlich höher hält als den Kopf. Weil dies für die Katze eine ungewohnte „Fluglage" ist, wird sie sich reflexartig strecken, um sich auf die „Landung" vorzubereiten.

Körperhaltung, wilder Ausdruck, der weiße Bauch, aber auch die Kuhhessigkeit lassen sich aus einigen Metern Distanz viel besser erkennen als aus nächster Nähe. Es ist sicher sinnvoll, nach dem Richten am Tisch, wenn das Tier wieder im Showkäfig ist, einige Schritte zurückzutreten und es aus drei bis vier Metern Distanz ganzheitlich zu betrachten. Es ist durchaus möglich, dass dieser neue Blickwinkel das eine oder andere Urteil beeinflusst.

Manchmal ist es nicht leicht zu erkennen, ob es sich beim hellen Fell vor allem an der Brust um ein unerwünschtes Medaillon handelt (also ein durch das S-Gen bedingtes Locket) oder um Ansätze des begehrten weißen Bauches. Dank einer kleinen List kann man dies meistens relativ gut voneinander unterscheiden: Hält man ein weißes Blatt auf die fragliche Stelle, erkennt man beim weißen Bauch einen leichten Farbunterschied. Die Haare neigen dann nämlich zu einem gebrochenen Weiß. Das Locket hingegen wird dieselbe Farbe haben wie das Papier.

Die beste Art zur Beurteilung des Profils besteht darin, die Ohren der Katzen herunterzuklappen und den Kopf von der Seite zu betrachten. So erkennt man die ganze Linie vom

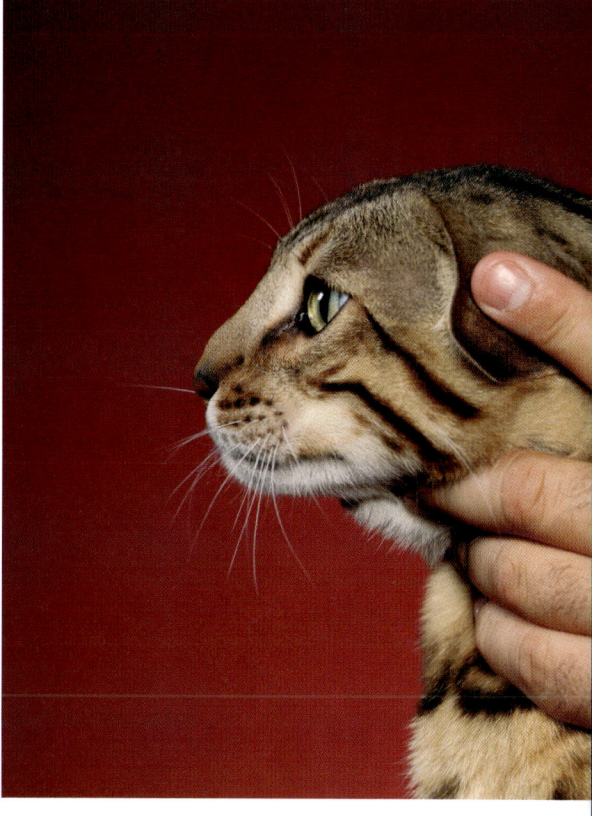

So erkennt man Nasenrücken und Profil am besten.
(Foto: Flick)

Nasenrücken über die Stirn bis zum Nacken. Zu oft achten die Richter lediglich auf den Nasenrücken und übersehen so eher eine flache Stirn oder eine Kante oberhalb der Augen.

Zudem ist es wünschenswert und sicher für Richter, die sich ja nicht tagein, tagaus mit Bengalen beschäftigen, sinnvoll, wenn sie nicht nur den Standard kennen, sondern auch Bilder von ALC oder F1 genau studieren. Nur so prägt sich auch bei ihnen das Bild für den Wild Look ein.

Die Bengal als relativ junge Rasse mit einem sehr ehrgeizigen Zuchtziel ist zurzeit noch weit von den im Standard beschriebenen Idealvorstellungen entfernt. Es wäre schön, wenn in eine faire Beurteilung immer auch die Entwicklung der Rasse hin zum Standard einfließen würde.

(Foto: Haase)

Antworten
auf häufig gestellte Fragen

Immer wieder werden Bengalzüchtern bestimmte Fragen gestellt, die Interessierten an dieser Rasse unter den Nägeln brennen. Die häufigsten Fragen und ihre Antworten haben wir in diesem Kapitel zusammengestellt.

 Sind Bengalen wild?

Die Bengalkatze, wie wir sie in diesem Buch beschreiben, ist mindestens vier Generationen von der Wildkreuzung entfernt. Ab dieser Generation werden Bengalen als voll domestiziert angesehen, können wie andere Katzen gehalten und auf Ausstellungen präsentiert werden.

Für den Charakter jeder Katze ist der Zeitraum der Sozialisation während der Aufzucht beim Züchter von großer Bedeutung. Bengalkitten, die ausschließlich im Außengehege und ohne richtigen Familienanschluss groß werden, bleiben mit hoher Wahrscheinlichkeit scheu.

Mit „wild" assoziieren wohl viele Menschen das sehr lebhafte Temperament der Bengalen. Diese Katzen lieben es zu rennen, zu toben und unermüdlich zu spielen. Dies hat allerdings nichts mit „wild" im Sinne von aggressiv, scheu oder gar zerstörerisch zu tun.

 Kann man Bengalen ganz normal in der Wohnung oder im Haus halten?

Ja, denn Bengalen bilden auch hier keine Ausnahme. Selbstverständlich lieben sie die frische Luft, und wenn sie beim Züchter an ein Außengehege oder einen gesicherten Bal-

kon gewöhnt waren, würden sie das Fehlen einer solchen Einrichtung im neuen Zuhause bestimmt vermissen.

 Kann man als „Katzenanfänger" überhaupt Bengalen halten?

Diese Rasse hat sehr viel Temperament. Ist man sich dessen bewusst und darauf eingestellt, kann man auch als „Anfänger" an solch einem Tier viel Freude haben.

 Verstehen sich Bengalkatzen mit Hunden?

Generell verstehen sich Bengalen gut mit Hunden. Entscheidet man sich für ein Kitten und ein Hund ist bereits Teil der Familie, wird sich das Katzenkind in aller Regel schnell an den vierbeinigen Mitbewohner gewöhnen. Gleiches gilt für den zeitgleichen Kauf von Kitten und Welpen.

 Wie groß werden Bengalen?

Viele Menschen denken, dass Bengalen ähnlich groß wie Savannahs werden, die auch mal Kniehöhe erreichen können. Dem ist nicht so. Bengalen sind etwa so groß wie gewöhnliche Hauskatzen. Ihr Körper ist etwas länger und muskulöser. Kater sind in der Regel größer als Katzen.

🐾 Wie schwer werden Bengalen?

Das durchschnittliche Gewicht liegt bei Kätzinnen etwa bei 4 Kilogramm. Kater wiegen meist 5 bis 7 Kilogramm. In der TICA gehören die Bengalen zu den schwereren Rassen.

🐾 Kann man Bengalkatzen als Einzelkatzen halten?

Da Bengalen sehr gesellige und soziale Katzen sind, ist es zu empfehlen, sie mindestens

Das Schönste für Bengalen: spielen, spielen und nochmals spielen! (Foto: Rudolph)

zu zweit zu halten. Ein Mensch, und möge er noch so viel Zeit zur Verfügung haben, kann ihrem Spieltrieb und Bewegungsdrang nie ganz gerecht werden. Deshalb geben die meisten Züchter ihre Kitten nur in Katzengesellschaft ab. (Mehr dazu ab Seite 20)

🐾 Sind Kater verschmuster als Katzen?

Diese Frage kann man nicht pauschal beantworten. Kater sind oftmals verschmuster als Kätzinnen. Es gibt jedoch genauso anhängliche und verschmuste Katzen.

Meist ist es jedoch so, dass Kater offener und anhänglicher zu „jedermann" sind, während Katzen oft ihre feste Bezugsperson haben. Dies zeigt sich besonders deutlich, wenn Besuch kommt.

🐾 Was ist bei der Auswahl von Geschwistern als Liebhabertiere sinnvoller: Kater und Katze, Katze und Katze oder Kater und Kater?

Bei kastrierten Geschwistern spielt das Geschlecht grundsätzlich keine Rolle. Alle Kombinationen sind möglich.

🐾 Sind Bengalen für Allergiker geeignet?

Man hört und liest immer wieder, dass Bengalkatzen für Allergiker geeignet seien. So pauschal und einfach ist die Sache nicht und ist als generelle Aussage ein Gerücht und schlichtweg falsch!

Bengalen verlieren, wegen der nur spärlich vorhandenen Unterwolle, weniger Haare als andere Rassen. Das erklärt, weshalb einige Allergiker nicht auf diese Rasse reagieren. Es kommt zudem vor, dass sich Allergiker durch den Kontakt zu Katzen desensibilisieren und mit der Zeit nicht mehr auf die Stubentiger reagieren. Eine Garantie dafür gibt es aber keinesfalls!

So macht das Toben doppelt Spaß! (Foto: Rudolph)

Sollten Sie eine Katzenallergie haben, besprechen Sie dies mit dem Züchter Ihrer Wahl. Vereinbaren Sie einen unverbindlichen Besuch in der Zucht, um herauszufinden, wie es Ihnen dabei ergeht.

Was kostet eine Bengal?

Für ein gesundes und gut sozialisiertes Bengalkitten aus einer seriösen Zucht sind in Deutschland, der Schweiz und Österreich folgende Preise üblich (Stand: 2012):

Liebhabertier:	1000–1500 Euro
Zuchttier:	1500–2000 Euro
Ausstellungstier (Show/Breeder):	2000–3000 Euro

Sie sollten hellhörig werden, wenn Sie ein Kitten deutlich unterhalb dieser Preise angeboten bekommen. Meistens wird in solchen Fällen bei der Aufzucht der Kleinen gespart, was sich nicht selten später rächt.

Kann man Bengalen mit anderen Katzen zusammen halten?

Sucht man nach einem geeigneten Spielpartner für seine Bengal, so sollte man darauf achten, dass sich die beiden Katzen hinsichtlich Charakter und Temperament möglichst stark ähneln, damit weder die Bengal unterfordert noch die andere Katze überfordert wird. Zwei Bengalen beziehungsweise ein Geschwisterpaar ist natürlich die Optimallösung.

Allerdings kann man als Zweitkatze auch eine andere Samtpfote in Betracht ziehen: Die Kombination mit Abessiniern, Russisch Blau, Siam und Singapura hat sich bereits sehr bewährt und scheint uns eine gute Wahl.

Eignen sich Bengalen als Freigänger?

Katzen im Allgemeinen und Bengalen im Besonderen lieben es, draußen allerhand Aufregendes und Interessantes zu entdecken. Allerdings lauern dort auch zahlreiche Gefahren und nicht sehr selten wird ihre Neu-

Wir sind echte Kumpel. (Foto: Rudolph)

gierde ihnen zum Verhängnis. Sie können dem Straßenverkehr zum Opfer fallen, von fremden Menschen entwendet oder von anderen Katzen, trotz Impfung, mit gefährlichen Krankheitserregern angesteckt werden. Wissenschaftliche Langzeitstudien beweisen, dass Freigänger im urbanen Umfeld eine deutlich verminderte Lebenserwartung haben, nämlich lediglich drei bis fünf Jahre. Vor- und Nachteile des Freigangs sind daher sorgfältig abzuwägen und wir empfehlen, wenn immer möglich, einen gesicherten Auslauf, zum Beispiel in Form eines Freigeheges.

🐾 Brauchen Bengalen besonderes Futter?

Bengalen brauchen kein besonderes Futter. Wie bei jeder anderen Katze auch sollte man allerdings darauf achten, nur sehr hochwertiges Futter zu verabreichen. Fertigfutter von Billiganbietern ist oft ungeeignet, weil es zum Beispiel zu viel Getreide und Zucker enthält.

Tipps zur artgerechten Fütterung erhalten Sie auch beim seriösen Züchter oder in geeigneter Literatur (siehe Seite 92).

🐾 Brauchen Bengalen besondere Pflege?

Grundsätzlich brauchen Bengalen keine spezielle Pflege. Dank ihres kurzen Fells verlieren sie außer in der Fellwechselzeit im Frühjahr kaum Haare. Viele Bengalen lieben es jedoch, mit einer weichen Bürste gekämmt zu werden.

🐾 Bengalen und Kinder – geht das?

Ja, im Allgemeinen geht das sehr gut. Selbstverständlich muss man den Kindern erklären, dass jede Katze zu bestimmten Zeiten einfach ihre Ruhe haben möchte. Wird dies respektiert, können Kinder und Bengalen ihre Leben gegenseitig bereichern.

Katzen in der Rolligkeit leben in ihrer eigenen Welt. (Foto: Rudolph)

Wie bemerke ich, dass meine Katze geschlechtsreif wird?

Die meisten Katzen werden im Alter von zehn bis zwölf Monaten geschlechtsreif und rollen zum ersten Mal. Spätestens dann sollte eine Katze, die als Liebhabertier gehalten wird und nicht für die Zucht vorgesehen ist, kastriert werden, denn während der Rolligkeit wird sie mit großer Ausdauer lautstark nach einem Kater schreien. Zudem wird sie sich vermehrt an Gegenständen reiben und immer wieder die „Paarungsstellung" einnehmen, indem sie den Körper flach über dem Boden hält und ihr Hinterteil herausfordernd in die Höhe streckt. Oft markieren rollige Weibchen ihr Revier mit Urin, um so einen Partner anzulocken. Der weibliche Urin stinkt zwar nicht so penetrant wie jener der Kater, dennoch ist diese Art des Markierens in einer Wohnung sehr unangenehm.

In der Regel dauert die Rolligkeit etwa eine Woche. Manche Katzen werden bereits nach zwei bis drei Wochen wieder rollig. Man sollte dies genau beobachten, denn eine Dauerrolligkeit ist für die Katze gefährlich (Gebärmutterentzündung oder Gebärmuttervereiterung) und sollte unter allen Umständen vermieden werden, sei es durch eine Deckung oder durch Verabreichung eines Verhütungsmittels (Pille oder Implantat).

Darf ich mit meiner Liebhaberkatze einmal einen Wurf machen?

Im Kaufvertrag wird vereinbart, dass ein Liebhabertier kastriert und nicht zur Zucht verwendet werden soll. Falls Sie einen solchen Vertrag unterschrieben haben, dürfen Sie Ihre Katze selbstverständlich nicht decken lassen. Auch sonst raten wir grundsätzlich davon ab. Die Freude und der finanzielle Ertrag stehen in keinem Verhältnis

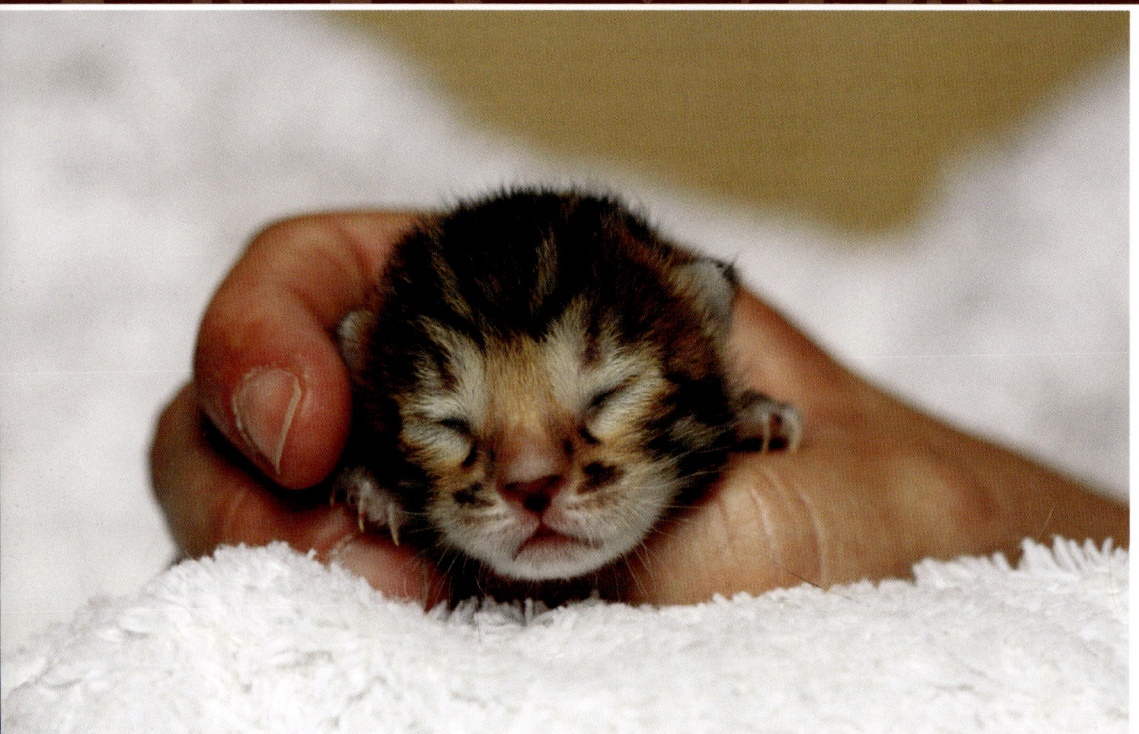

Eine Handvoll Kätzchen – eine große Verantwortung für den Züchter. (Foto: Haase)

zum Aufwand und zu den Risiken. So sind nun bei der künftigen Zuchtkatze zunächst etliche Gesundheitstests notwendig, dann müssen ein geeigneter Kater gefunden, ein Zwingername registriert und zu Hause eine

Der typische Nackenbiss des Katers, hier ein ALC. (Foto: Coppens)

geeignete Infrastruktur mit Wurfkiste, Aufzuchtzelt, Notfallmedikamenten und so weiter geschaffen werden. Um Käufer für die Kleinen zu finden, muss man eine geeignete Werbeplattform finden. Gerade bei Erstgebärenden kann es zu Komplikationen bei der Geburt oder der Aufzucht der Kitten kommen.

Seriöses Züchten heißt nicht, einfach eine Katze mit einem Kater zu verpaaren und dann auf die Jungtiere zu warten. Man sollte das Züchten lieber jenen Personen überlassen, die sich dieser Aufgabe mit viel Fachwissen, Leidenschaft und Herzblut verschrieben haben.

🐾 Was muss man bei der Verpaarung beachten?

Idealerweise hilft Ihnen der Züchter, einen geeigneten Kater zu finden. Falls möglich, bringen

Eine gesunde, aufgeweckte und glückliche Katzenfamilie. (Foto: Haase)

Sie Ihre Katze am dritten Tag der Rolligkeit zum Kater. Ein erfahrener Kater wird relativ schnell beginnen, seine neue Partnerin zu bezirzen: Er wird aufgeregt gurren, um sie herumtänzeln und er wird immer wieder sein Revier markieren. Häufig sind die Katzen im ersten Moment nicht paarungswillig. Dies ändert sich jedoch meist innerhalb weniger Stunden.

Erst wenn das Weibchen Bereitschaft zeigt, kann die Paarung stattfinden. Der Kater packt die Katze am Nacken, um sie festzuhalten und sich gleichzeitig zu schützen. Der eigentliche Deckakt ist recht kurz. Danach schüttelt die Katze ihren Partner recht unsanft ab. Der Geschlechtsakt ist für eine Katze ziemlich schmerzhaft.

Eine Katze sollte nicht länger als fünf Tage gedeckt werden und in den drei darauffolgenden Wochen nicht mit anderen Katern zusammen sein.

Worauf muss ich während der Trächtigkeit meiner Katze achten?

Die Trächtigkeit einer Bengal dauert zwischen 63 und 67 Tagen. Etwa drei Wochen nach dem Deckungsakt verfärben sich die Zitzen. Sie werden intensiv rosa. Dies ist meist das erste Anzeichen einer Trächtigkeit. Im fortgeschrittenen Stadium werden die Zitzen auch größer und das Fell um den Vorhof verringert sich.

Besonders während der Trächtigkeit sollte auf hochwertiges und ausgewogenes Futter geachtet werden. Die Katze darf in dieser Zeit nicht geimpft werden und auch nur im Notfall Medikamente verabreicht bekommen.

Wenn Sie noch nie Kitten aufgezogen haben, ist es ratsam, sich vor dem Geburtstermin mit dem Tierarzt in Verbindung zu setzen und Rat bei einem erfahrenen Züchter zu holen.

(Foto: Haase)

Anhang

Tipps zum Weiterlesen

Hickmann, Barbara:
Basiswissen Katzenzucht.
Norderstedt: Books on Demand, 2006.

Horzinek, Marian Christian/Schmidt, Vera/
Lutz, Hans: *Krankheiten der Katze.*
4. überarb. Aufl. Stuttgart: Enke, 2005.

Landwerth, Lena:
Wegweiser Katzenfutter.
Schwarzenbek: Cadmos, 2012.

Leiendecker, Nadine:
BARF für Katzen.
Schwarzenbek: Cadmos, 2010.

Schroll, Sabine:
Handbuch Katzenkrankheiten.
Schwarzenbek: Cadmos, 2008.

Vella, Carolyn M./Shelton, Lorraine M./
McGonagle, John J.:
*Robinson's Genetics for Cat Breeders and
Veterinarians.*
Fourth Edition. Oxford:
Butterworth-Heinemann, 1999.

Wendt, Marlitt:
Wie Katzen ticken.
Schwarzenbek: Cadmos, 2010.

Vereine

TICA – The International Cat Association
PO Box 2684
Harlingen, Texas 78551, USA
www.tica.org

FIFe – Fédération Internationale Féline
17 Rue du Verger
L-2665 Luxembourg
www.fifeweb.org

WCF – World Cat Federation
Geisbergstr. 2
D-45139 Essen
www.wcf-online.de

TICA Clubs in Deutschland:

TICACats e. V.
www.ticacats.de

Cats-4-Us
www.cats-4-us.com

TICA Clubs in Österreich:

Blue Danube Cat Club
www.katzenklub.at

Austrian Cats United
www.austriancatsunited.eu

All About Cats
www.allaboutcats.at

Interessengemeinschaften

TIBCS – The International Bengal
Cat Society
www.tibcs.com

IG Bengal Katzen Schweiz
www.igbengal.ch

Kontakt zu den Autoren

Boris Ehret, Spice Bengals
CH-Oberkirch (LU)
www.spicebengals.com
spice@bluewin.ch
+41 (0)79 293 86 75

Sabine Wamper, Bengalzucht Leopardcats
D-Aachen
www.bengal-ac.de
s.wamper@gmx.de
+49 (0)241 189 45 45

Register

Agouti-Gen A .... 45 f.
Amber 53
American Shorthair.............................. 53 f.
Artgerechte Haltung................................. 24
Asiatische Leopardenkatze (ALC)
.... 11, 15 ff., 35, 47, 51, 53, 56
Augenfarbe.................................52, 55 f., 72
Ausstellungen .... 75 ff., 80
Black Silver Tabby 31, 53
Black Smoke 57
Blue 57
Brown (Black) Tabby 30, 46, 50, 52
Bull's Eye 50
Burma-Gen cb.. 56
Burmakatze 47
Cat-Agility... 20
Charcoal 53
Chromosomen 17
CITES-Dokumente 17
Clear coated 48
Clickertraining 20
Dichte Pigmentierung D 48
Echokardiografie..................................... 60
Entwurmen 28
Eumelanin 47
Fading 52
Flat Chested Kitten Syndrom (FCK) 63
Foundations (F1, F2, F3)..........................18
Frosted Kitten 41
Futter.. 88
Fuzzy Phase ....40 f.
Geisterzeichnung.................................4, 56
Gen für Langhaar.....................................43
Gen für Scheckung S 48
Gen für Weißfärbung 39
Genotyp..................................44, 46, 62
Getupft ....31, 47 f., 80
Glitter .... 35 f., 38f
Gold.. 48

Hodenhochstand...................................... 82
Hybridisierung 18
Hypertrophe Kardiomyopathie 59
Impfung... 27 f.
Inhibitor-Gen....................................46, 53, 56
International Winner (IW) 80
Katzenlaufrad...................................... 20 f.
Kaufvertrag 28
Kontrast....................................40, 51, 54f
Kopf 31, 71
Körperbau 33, 70, 82
Kuhhessig (cow-hocked) 69, 82
Lynx Point..14
Lockets 48, 77, 83
Marbled .... s. Marmoriert
Marbled Tabby 49
Marmoriert ....31, 47 f., 50, 80
Medaillon 83
Melanin 47
Melanistisch 46, 56
Microchip.. 28
Mill, Jean .... 11 ff.
Mink Tabby 14
Ocelli..16
Ocicat .... 54 f.
On-Safari.. 80
Outcross 54
Patellaluxation (PL)............................... 65
Pectus excavatum 63
Pflege 88
Phänotyp ....43 f., 49, 56
Phäomelanin..47
Pheromone 78
Pointkatze..47
Preis 27, 87
Progressive Retina-Atrophie (PRA) 60
Pyruvat-Kinase-Defizienz (PK-Def.) 61, 69
Räderzeichnung................................... 49 f.
Rassestandard .... 31, 34 f., 46, 49, 83

Regional Winner (RW) 80
Ribbares 49
Rolligkeit 89, 91
Rosetten..............15, 34 ff., 40, 49, 67, 68, 71
Rufismus ....51 f., 54
Savannah 85
Schneebengalen........................47 f., 53, 55 f.
Schwanzfehler 82
Schwarz-Gen B 46
Seal Lynx Point ....31, 48, 55 f.
Seal Mink Tabby ....31, 48, 55 f.
Seal Sepia Tabby .... 14, 31, 48, 55 f.
Seal Silver Lynx Point........................31, 56
Seal Silver Mink Tabby.....................31, 56
Seal Silver Sepia Tabby....................31, 56
Seidenfell .... 38 f.
Showquality.....................................75, 87
Siam-Gen cs 56
Siamkatze 47, 55
Silber-Gen I... 46
Sozialisierung..........................19, 27, 77, 85
Sparbled 37

Spieltrieb 20, 23
Spontane Paarungen..................................17
Spotted ....s. Getupft
Stammbaum 26
Supreme Grand Champion (SGC) 80
Tabby-Gen T 46
Tabby-M 69, 71
Tarnish ....51 f., 54
Teilalbinismus 47
TICA ....11, 46, 49 ff.
Ticked... 46, 48
Tonkinesen 47
Trächtigkeit 91
Tyrosinase 47
Unter- oder Überbiss 82
Vollpigmentierung C 46
Wasser 21
Weißer Bauch 39, 68f
Wideband-Gen Wb 48
Wild Look ....69 ff., 83
Zeichnung 33, 48
Züchter .... 23 ff., 29, 67

Abkürzungsverzeichnis

ALC	Asiatische Leopardenkatze
AON	1. Generation nach Outcross Bengal x American Shorthair
BON	2. Generation bzw. Bengal x AON Bengal
CFA	Cat Fanciers' Association
CON	3. Generation bzw. Bengal x BON Bengal
FeLV	Felines Leukämievirus
FIFe	Fédération Internationale Féline
FCK	Flat Chested Kitten Syndrom, Flachbrust-Syndrom
FIP	Feline Infektiöse Peritonitis
FIV	Felines Immundefizienzvirus/ Katzenaids
F1, F2, F3	Foundation-Generationen, Hybridkatzen
HCM	Hypertrophe Kardiomyopathie
IW	International Winner
PK-Def.	Pyruvat-Kinase-Defizienz
PL	Patellaluxation
PRA	Progressive-Retina-Atrophie
RW	Regional Winner
SBT	Stud Book Tradition (ab 4. Generation)
SGC	Supreme Grand Champion
TIBCS	The International Bengal Cat Society
TICA	The International Cat Association
WCF	World Cat Federation

CADMOS *Katzenbücher*

Michael Streicher

Erste Hilfe für meine Katze

Katzen haben zwar sprichwörtliche sieben Leben und fallen immer auf die Pfoten. Doch auch sie geraten mitunter in lebensbedrohliche Situationen, in denen sie sofortige Hilfe benötigen. Dieses Buch eines absoluten Fachmanns aus der Praxis erklärt, wie man bei einem Katzennotfall am besten reagiert und so die besten Voraussetzungen für eine erfolgreiche Behandlung durch den Tierarzt schafft.

96 Seiten, farbig, broschiert
ISBN 978-3-8404-4007-6

Susanne Vorbrich

Das Wohlfühlbuch für Wohnungskatzen

Von Stubentigern empfohlen: Dieses Buch enthält alle wichtigen Informationen für Menschen, die ihre Katze ausschließlich in der Wohnung halten möchten. Grundlegende Hinweise zur Pflege, Fütterung und Beschäftigung finden sich ebenso wie viele kleine Tipps und Tricks. Sie geben auch dem langjährigen Katzenhalter neue Anregungen, wie er seinem Stubentiger zu einem noch glücklicheren Leben verhelfen kann.

80 Seiten, farbig, broschiert
ISBN 978-3-8404-4012-0

Marlitt Wendt

Wie Katzen ticken

Flinke Jäger, liebenswerte Schmeichler, übermütige Spieler, geheimnisvolle Fabelwesen, schnurrende Träumer – Katzen sind alles auf einmal und noch viel mehr. Die Verhaltensbiologin Marlitt Wendt gewährt einen Blick in die Welt hinter den Katzenaugen und präsentiert spannende Fakten über die Intelligenz und die Gefühlswelt unserer samtpfotigen Mitbewohner.

96 Seiten, farbig, broschiert
ISBN 978-3-8404-4003-8

Susanne Vorbrich

Ein Katzenkind kommt ins Haus

Wenn ein Katzenkind ins Haus kommt, gibt es vieles zu beachten. Dieses Buch beschreibt, wie man die ersten Stunden, Wochen und Monate mit dem kleinen Stubentiger optimal gestaltet – von der Eingewöhnung in das neue Heim über Fütterung und Pflege bis hin zu Spiel und Erziehung. So steht der Entwicklung vom putzigen Fellknäuel hin zum gelassenen Haustier nichts im Wege.

96 Seiten, farbig, broschiert
ISBN 978-3-86127-131-4

Sabine Schroll

Handbuch Katzenkrankheiten

Dieses umfangreiche Handbuch stellt die wichtigsten Krankheiten der Katze übersichtlich dar und beschreibt in leicht verständlicher Sprache die jeweiligen Ursachen, Symptome und Behandlungsmöglichkeiten. Ergänzend finden sich viele Informationen, die dem Katzenhalter helfen, den Gesundheitszustand seines Tieres besser beurteilen und seine Katze vor Erkrankungen schützen zu können.

192 Seiten, farbig, broschiert
ISBN 978-3-86127-132-1

Cadmos Verlag GmbH · Möllner Straße 47 · 21493 Schwarzenbek
Tel. 0415 87 90 7-0 · Fax 04151 87 90 7-12 · www.cadmos.de